Kommentar ATV DIN 18379

Jetzt diesen Titel zusätzlich als E-Book downloaden und 70 % sparen!

Als Käufer dieses Buchtitels haben Sie Anspruch auf ein besonderes Kombi-Angebot: Sie können den Titel zusätzlich zum Ihnen vorliegenden gedruckten Exemplar für nur 30 % des Normalpreises als E-Book beziehen.

Der BESONDERE VORTEIL: Im E-Book recherchieren Sie in Sekundenschnelle die gewünschten Themen und Textpassagen. Denn die E-Book-Variante ist mit einer komfortablen Volltextsuche ausgestattet!

Deshalb: Zögern Sie nicht. Laden Sie sich am besten gleich Ihre persönliche E-Book-Ausgabe dieses Titels herunter.

In 3 einfachen Schritten zum E-Book:

1. Rufen Sie die Website **www.beuth.de/e-book** auf.

2. Geben Sie hier Ihren persönlichen, nur einmal verwendbaren E-Book-Code ein:

   27108A7716CKA8D

3. Klicken Sie das „Download-Feld“ an und gehen dann weiter zum Warenkorb. Führen Sie den normalen Bestellprozess aus.

Hinweis: Der E-Book-Code wurde individuell für Sie als Erwerber dieses Buches erzeugt und darf nicht an Dritte weitergegeben werden. Mit Zurückziehung dieses Buches wird auch der damit verbundene E-Book-Code für den Download ungültig.

Raumlufttechnische Anlagen

Clemens Schickel
Matthias Wagnitz

Raumlufttechnische Anlagen

Kommentar zu VOB/C: ATV DIN 18379

1. Auflage 2018

Herausgeber:
DIN Deutsches Institut für Normung e. V.

Beuth Verlag GmbH · Berlin · Wien · Zürich

Herausgeber: DIN Deutsches Institut für Normung e. V.

© 2018 Beuth Verlag GmbH
Berlin · Wien · Zürich
Am DIN-Platz
Burggrafenstraße 6
10787 Berlin

Telefon: +49 30 2601-0
Telefax: +49 30 2601-1260
Internet: www.beuth.de
E-Mail: kundenservice@beuth.de

Titelbild: © Stanislav Stoklas, Benutzung unter Lizenz von shutterstock.com
Satz: B & B Fachübersetzergesellschaft mbH, Berlin
Druck: Print Group, Szczecin
Gedruckt auf säurefreiem, alterungsbeständigem Papier nach DIN EN ISO 9706

ISBN 978-3-410-27108-6
ISBN (E-Book) 978-3-410-27109-3

Vorwort

Mit der Gesamtausgabe 2016 der VOB ist die Besonderheit verbunden, dass auf Grundlage eines Beschlusses des Deutschen Vergabe- und Vertragsausschusses für Bauleistungen DVA die „Allgemeinen Technischen Vertragsbedingungen für Bauleistungen" in VOB Teil C bezüglich des Kapitels 5 „Abrechnung" formal aneinander anzugleichen waren. Damit in Zusammenhang steht die Aufforderung des Hauptausschusses Hochbau HAH an alle ehemaligen Fachberatergremien, ihre jeweiligen Fachnormen entsprechend anzupassen. Für die ATV-Normen DIN 18379 „Raumlufttechnische Anlagen", DIN 18380 „Heizanlagen und zentrale Wassererwärmungsanlagen" und DIN 18381 „Gas-, Wasser- und Entwässerungsanlagen innerhalb von Gebäuden" ergab sich daher die Gelegenheit, alle drei Normen auf einen aktuellen Stand der Technik zu bringen und gleichzeitig inhaltlich anzugleichen. Besonders förderlich für die gemeinsame Bearbeitung war der Umstand, dass alle drei Arbeitsgruppen von Prof. Gerald Lange geleitet wurden, für dessen ehrenamtliches Engagement an dieser Stelle ein besonderer Dank ausgesprochen wird.

Die Autoren der Kommentare zu DIN 18379, DIN 18380 und DIN 18381 waren, neben Vertretern der öffentlichen Auftraggeber, der Planer und der Sachverständigen, in die Überarbeitung der Normen eingebunden und haben sie somit inhaltlich mitgestaltet. Sie sind für die Verbände des TGA-Handwerks und des TGA-Anlagenbaus als technische Referenten tätig. Ein Ergebnis der gemeinsamen Bearbeitung der drei Kommentare ist eine inhaltlich gleiche Interpretation gleichlautender Abschnitte.

Bei dem Einsatz der Kommentare zur Interpretation von Inhalten der technischen Vertragsbedingungen ist immer auch die allgemein für alle ATVen geltende DIN 18299 „Allgemeine Regelungen für Bauarbeiten jeder Art" zu berücksichtigen. Hier sind die allen Gewerken übergeordneten Themen geregelt, welche daher in den einzelnen Fachnormen nicht mehr separat behandelt werden.

Die Kommentierung bezieht sich ausschließlich auf die technischen Inhalte der behandelten Norm und soll ausdrücklich nicht als deren juristische Würdigung verstanden werden.

Autoren

Die Basis dieses Kommentars wurde übergreifend über die ATV DIN 18379, ATV DIN 18380 und ATV DIN 18381 von folgendem Autorenteam erstellt (in alphabetischer Reihenfolge):

- Andreas Braun (ZVSHK), Staatl. gepr. Techniker
- Dipl.-Ing. (FH) Clemens Schickel (BTGA)
- Dipl.-Ing. M. Eng. Stefan Tuschy (BTGA)
- Dr.-Ing. Matthias Wagnitz (ZVSHK)

Die Anpassung speziell an die ATV DIN 18379 erfolgte durch die beiden Hauptautoren dieses Kommentars Clemens Schickel und Dr. Matthias Wagnitz.

Annette Bothing (Olaf Heinecke Beratende Ingenieurgesellschaft mbH) sei an dieser Stelle für die Erstellung der Abbildung in Kapitel 5 gedankt.

Dieser Kommentar wurde erstellt mit freundlicher Unterstützung von

Inhaltsverzeichnis

Einleitung

Die DIN 13789 „Raumlufttechnische Anlagen" gilt für das Herstellen von Raumlufttechnischen Anlagen (RLT-Anlagen), bei denen Luft mechanisch gefördert wird. Die ATV wurde im Rahmen der VOB-Aktualisierung 2016 vom Deutschen Vergabe- und Vertragsausschuss für Bauleistungen (DVA) fachtechnisch überarbeitet. Das betrifft vor allem den Abschnitt 5 „Abrechnung".

Des Weiteren wurden alle Verweisungen auf die VOB/A aktualisiert und Querverweise auf bezogene Normen an den neuesten Stand der Entwicklung angepasst. Jetzt liegt erstmals eine Kommentierung der neuen Festlegungen vor.

Die Original-Abschnitte der Norm sind grau unterlegt, die Kommentierung erfolgt jeweils direkt im Anschluss. Zahlreiche Beispiele ermöglichen eine praxisgerechte Umsetzung.

Enthalten ist auch eine Gegenüberstellung der ATV aus VOB 2016 und 2012.

Kommentierung der ATV DIN 18379 „Raumlufttechnische Anlagen“

0 Hinweise für das Aufstellen der Leistungsbeschreibung

Diese Hinweise ergänzen die ATV DIN 18299 „Allgemeine Regelungen für Bauarbeiten jeder Art“, Abschnitt 0. Die Beachtung dieser Hinweise ist Voraussetzung für eine ordnungsgemäße Leistungsbeschreibung gemäß §§ 7 ff., §§ 7 EU ff. beziehungsweise §§ 7 VS ff. VOB/A.

Die Hinweise werden nicht Vertragsbestandteil.

In der Leistungsbeschreibung sind nach den Erfordernissen des Einzelfalls insbesondere anzugeben:

Bei Planung, Bau und Betrieb gebäudetechnischer Anlagen sind regelmäßig besondere Anforderungen an Energieeffizienz, Bedienbarkeit und Lebensdauer zu beachten, deren Grundlage im Rahmen der Planung gelegt wird. Auch die Verknüpfung mit anderen Gewerken (wie z. B.: Heizung, MSR usw.) lässt der Planung hinsichtlich der Gewerkekoordination eine große Verantwortung zukommen.

Um diese Anforderungen zu erfüllen und eine ordnungsgemäße Ausführung zu ermöglichen, wurde das Kapitel 0 als Hinweis für den Planer formuliert. In Verbindung mit Kapitel 3, in dem vorrangig Nebenleistungen beschrieben werden, findet der Planer hier Hinweise zur Aufstellung einer angemessenen Leistungsbeschreibung.

Kapitel 0 wird nicht Vertragsbestandteil nach VOB.

Grundsätzlich sind auch die Regelungen der ATV DIN 18299 „Allgemeine Regelungen für Bauarbeiten jeder Art“ zu berücksichtigen. Werden in dieser ATV abweichende Angaben zur ATV DIN 18299 gemacht, so gehen die Angaben der ATV DIN 18379 vor. Grund hierfür sind die Besonderheiten des Gewerkes, die nicht in den allgemeinen Regelungen für Bauarbeiten abgebildet werden können.

0.1 Angaben zur Baustelle

Um den Bauablauf gut planen zu können und mögliche Störfaktoren frühzeitig zu eliminieren, ist es notwendig, sich im Vorfeld der Ausführung einen guten Überblick über die zu erwartenden Einflussfaktoren zu verschaffen. Dazu ist auch eine genaue Kenntnis der Bedingungen an der Baustelle vonnöten.

0.1.1 Hauptwindrichtung.

Die Hauptwindrichtung hat wesentliche Auswirkung auf Witterungseinflüsse und die Luftströmung um das Gebäude. Für die Planung bedeutet dies, es ist darauf zu achten, an welchen Stellen Lüftungsöffnungen möglich und sinnvoll sind. Man kann positive Effekte beispielsweise bei der An- und Abströmung von Außen- und Fortluftfassungen nutzen, zugleich aber auch einen Grundstein für negative Einflüsse legen. Die Hauptwindrichtung hat Einfluss auf die Druckverhältnisse im Luftleitungsnetz, die Abströmung der Fortluft, den Schutz angrenzender Liegenschaften und nicht zuletzt auch auf die Schallausbreitung.

Für die eigentliche Ausführung der Leistung ist diese Angabe ebenfalls wichtig. Noch fensterlose oder offene Räume, die der Witterung und dem Eintrag von Staub und sonstigen Immissionen stärker ausgesetzt sind, eignen sich nicht für die Lagerung und Unterbringung von empfindlichen Materialien und Bauteilen.

0.1.2 Ausbildung von Baugruben.

Bei der Ausbildung von Baugruben sind der Umfang der Maßnahme und die Dauer bis zur Verfüllung der Grube klar zu definieren. Für das Gewerk Raumlufttechnik könnten Erdarbeiten zur Verlegung eines Erdrohrwärmeübertragers oder für erdverlegte Luftleitungen, beispielsweise zu freistehenden Außenluftfassungen, in Frage kommen. Unter Umständen kann es sinnvoll sein, die Grube und den Verbau auch für andere Beteiligte mit auszuführen und vorzuhalten, was im Leistungsverzeichnis genau zu beschreiben ist. Ebenso ist genau abzustimmen, welche Grenzen zu Nachbargrundstücken oder anderen Bauteilen während der gesamten Bauphase einzuhalten sind.

0.1.3 Bebauung der Umgebung.

Die Bebauung der Umgebung kann einen wesentlichen Einfluss auf die Abläufe im Baugeschehen haben. Hier ist bereits im Leistungsverzeichnis auf mögliche Hindernisse wie beispielsweise fehlende Parkplätze, Zufahrtsbeschränkungen, Ruhezeiten etc. hinzuweisen.

0.1.4 Art der Abdichtung von Bauwerken und Bauwerksteilen, z. B. Wannenausbildung von Kellern.

Diese Hinweise sind aus mehreren Gründen notwendig. Aufgrund von Unverträglichkeiten einzelner Werkstoffe kann sich deren gemeinsame Verwendung verbieten. Außerdem müssen häufig Dichtungsebenen aufgrund der Luftleitungsführung durchbrochen werden. Dabei muss für einen geeigneten Anschluss an die Dichtungsebene Sorge getragen werden. Um alle Bauteile entsprechend auszuwählen und rechtzeitig vorzuhalten, ist eine frühzeitige, umfassende Abstimmung nötig. Wird das Bauwerk beispielsweise mit einer sogenannten „Weißen Wanne“ ausgestattet, darf diese nicht bzw. nur in einem zugelassenen Umfang durch Installationsarbeiten, beispielsweise Bohrlöcher für Halterungen, beschädigt werden.

0.1.5 Aufbau der Fußboden- und Dachkonstruktion, Dämmung und Abdichtung.

Um die Maße und Höhen der fertigen Installationen korrekt vorrichten zu können, sind Angaben zu Aufbauhöhen und Unterkonstruktionen, beispielsweise auch zur Lage von Unterzügen oder Trägern, bekannt zu geben. Ergeben sich im Verlauf der Ausführung Abweichungen von den Vorgaben, ist ein erneutes Abstimmen erforderlich.

Zusätzlich dienen diese Angaben zur Beurteilung der geplanten Leitungsführung, beispielsweise einer Verlegung im Boden- oder Deckenaufbau. Die Befestigungssysteme müssen den örtlichen baulichen Gegebenheiten angepasst werden. Bei einer Leitungsverlegung unterhalb der Dachkonstruktion ist das an den Dachaufbau angepasste System, beispielsweise bei Trapezblecheindeckung, auszuwählen.

0.1.6 Art und Umfang der Schutzmaßnahmen gemäß VDE-Bestimmungen.

Die Abstimmung von Art und Umfang der Schutzmaßnahmen entsprechend den VDE-Bestimmungen ist zwingend erforderlich, um alle sicherheitsrelevanten Arbeiten fachgerecht auszuführen. Die einzuhaltenden Schutzmaßnahmen können auch Auswirkungen auf die Produktauswahl und die Ausführung von Spritzwasserbereichen haben.

0.1.7 Art, Lage, Maße und Ausbildung sowie Termine des Auf- und Abbaus von bauseitigen Gerüsten.

Zur optimalen Nutzung der Standzeiten von bauseitig beigestellten Gerüsten ist es zu empfehlen, die Arbeiten und Zeitabläufe auf diese Vorhaltezeiten abzustimmen. Die Termine des Auf-, Ab- und Umbaus sind zu koordinieren, da es zu diesen Zeiten zur Einschränkung des eigenen Arbeitsbereiches kommen kann.

0.1.8 Art und Lage der für Ablaufstellen zur Verfügung stehenden Entwässerungsstellen.

Verschiedene lüftungstechnische Einrichtungen benötigen Ablaufstellen. Sind solche Anschlüsse nicht in unmittelbarer Nähe von beispielsweise Befeuchter, Außenluftleitung oder Kühler vorhanden, sollte auf deren Erfordernis hingewiesen werden.

0.2 Angaben zur Ausführung

Ergänzend zu den in ATV DIN 18299 enthaltenen Angaben zur Ausführung werden für den Bereich Raumlufttechnik weitere vierzig relevante Punkte als notwendige Informationen zur Ausführung aufgeführt.

Der erhebliche Umfang dieser Checkliste begründet sich in der Komplexität des Gewerkes.

0.2.1 Anzahl, Art, Lage, Maße, Stoffe und Ausbildung der herzustellenden Anlagen.

Um dem Auftragnehmer eine genauere Vorstellung zu dem geplanten Umfang der im Auftragsfall zu erbringenden Leistung zu vermitteln, ist eine exakte Beschreibung der zu erstellenden Anlagen erforderlich. Dabei sollen alle notwendigen Angaben beispielsweise zum Umfang der Leistungen oder den gewünschten Qualitäten im Leistungsverzeichnis beschrieben werden. Der Text wurde als Standardtext durch den HAH vorgegeben und sofern erforderlich an die Belange der jeweiligen ATV, in den er übernommen wurde, angepasst.

0.2.2 Umfang der vom Auftragnehmer vorzunehmenden Installation der anlageninternen elektrischen Leitungen einschließlich Auflegen auf die Klemmen.

Der Auftraggeber hat im Rahmen der Planung festzulegen, wo genau die Schnittstellen zu anderen Gewerken liegen und von welchem Gewerk die erforderlichen Leistungen zu erbringen sind. Gerade in Hinsicht auf die Gewerke Elektrotechnik und MSR ist eine genaue Abgrenzung erforderlich, da im Bauablauf gerade hier Regelungslücken erkennbar werden. Es sind daher im Vorfeld genaue Angaben notwendig, wer welche Arbeiten ausführt und wer welche Anschlüsse liefert.

Ein Beispiel für die Schnittstellenproblematik ist die Bereitstellung von Kabelenden durch das Gewerk Elektrotechnik, die an die raumlufttechnische Anlage heranzuführen und aufzulegen sind. Die Kabel werden regelmäßig durch das Gewerk Elektrotechnik verlegt und in der Nähe der Anschlussstelle auf Ring gelegt vorgehalten. Die Weiterverlegung bis zum Schaltschrank, das Einführen in den Schaltschrank und schließlich das Auflegen auf die vorhandenen Klemmen, die korrekt dimensioniert sein müssen, sind im Leistungsverzeichnis für eines der Gewerke eindeutig zu beschreiben.

***0.2.3** Art und Bedarfe, z. B. thermischer Energiebedarf, anderer, nicht zur vertraglichen Leistung gehörender Komponenten.*

Zu versorgende, bereits bestehende Anlagen oder das Anbinden von Anlagen anderer Gewerke sind ausführlich im Leistungsverzeichnis zu beschreiben. Die zu erbringende Leistung muss klar abgegrenzt werden, um eine Kalkulation der Leistung zu ermöglichen. Als Beispiel kann der Anschluss von Anlagen in einem bereits bestehenden Gebäudeteil dienen, das von der ausgeschriebenen Anlage mitversorgt, jedoch nicht im Rahmen des Auftrages saniert wird.

***0.2.4** Geforderte Druckstufen und Dichtheitsklassen für Luftleitungssysteme.*

Die geforderte Dichtheitsklasse für Luftleitungen und deren Einbauten ist vom Auftraggeber zu benennen, alle Komponenten sind mit der entsprechenden Klasse auszuschreiben. Mit der gewählten Klasse gehen auch die Anforderungen an die Druckklassen einher (Tabelle 1), auch diese ist anzugeben. Sind für bestimmte Anlagenteile unterschiedliche Dichtheits- oder Druckklassen vorzusehen, so sind diese anzugeben und die jeweiligen Bereiche klar zu definieren.

Die im Rahmen der Planung zu wählende Dichtheitsklasse steht in Abhängigkeit zur Verwendung der Anlage, der gewünschten energetischen Qualität und den Hygieneanforderungen.

Die möglichen Dichtheitsklassen werden beispielsweise in den einschlägigen Komponentennormen für Luftleitungen, DIN EN 12237[1] für runde Querschnitte und DIN EN 1507[2] für eckige Querschnitte, in den vier Dichtheitsklassen A

1 DIN EN 12237 „Lüftung von Gebäuden – Luftleitungen – Festigkeit und Dichtheit von Luftleitungen mit rundem Querschnitt aus Blech“

2 DIN EN 1507 „Lüftung von Gebäuden – Rechteckige Luftleitungen aus Blech – Anforderungen an Festigkeit und Dichtheit“

bis D, in Verbindung mit unterschiedlichen Druckstufen, vorgegeben. Dichtheitsklasse D ist für Luftleitungen bei besonderen Anwendungen vorgesehen. Die aktuelle Normung für die Errichtung raumlufttechnischer Anlagen sieht mit DIN EN 13798-3[3] in einem Anhang die Mindest-Dichtheitsklasse B vor, empfohlen wird die Klasse C. Die Norm führt mit den Klassen ATC 1 bis 7 eine neue, siebenstufige Klassifizierung ein, die die Klassen A bis D einschließt.

Tabelle 1: DIN EN 1507:2006-07, Tabelle 1 „Dichtheitsklassen und Druckstufen für Luftleitungen“

Luft-dichtheits-klasse	**Grenzwert der Luftleckrate** (f_{max}) $m^3 \cdot s^{-1} m^{-2}$	**Grenzwerte des statischen Manometerdrucks** (p_s) Pa			
		Negativ für alle Druckklassen	**Positiv bei Druckklasse**		
			1	**2**	**3**
A	$0{,}027 \times p_{test}^{0{,}65} \times 10^{-3}$	200	400		
B	$0{,}009 \times p_{test}^{0{,}65} \times 10^{-3}$	500	400	1 000	2 000
C	$0{,}003 \times p_{test}^{0{,}65} \times 10^{-3}$	750	400	1 000	2 000
D[a]	$0{,}001 \times p_{test}^{0{,}65} \times 10^{-3}$	750	400	1 000	2 000
a Luftleitungen für besondere Anwendungen.					

Für die Messung der Leckluftverluste und die Prüfung auf Einhaltung der jeweiligen Grenzwerte ist insbesondere der bei der Messung vorherrschende Über- oder Unterdruck maßgeblich, siehe Tabelle 2.

3 DIN EN 13798-3 „Lüftung von Gebäuden – Lüftung von Nichtwohngebäuden – Leistungsanforderungen an Lüftungs- und Raumklimaanlagen“

Tabelle 2: DIN EN 12237:2003-07, Tabelle 2 „Klassifizierung von Luftleitungen", Grenzwerte für statischen Druck und Leckluftrate

Luftdichtheits-klasse	Grenzwert des statischen Drucks (p_s) Pa		Grenzwert der Luftleckrate (f_{max}) $m^3 \times s^{-1} m^{-2}$
	Positiv	**Negativ**	
A	500	500	$0{,}027 \times p_t^{0{,}65} \times 10^{-3}$
B	1000	750	$0{,}009 \times p_t^{0{,}65} \times 10^{-3}$
C	2000	750	$0{,}003 \times p_t^{0{,}65} \times 10^{-3}$
D[a]	2000	750	$0{,}001 \times p_t^{0{,}65} \times 10^{-3}$

a Luftleitungssystem für besondere Anwendungen

0.2.5 Anzahl, Art, und Maße von Öffnungen und deren Deckel für technische und hygienische Arbeiten im Luftleitungsnetz.

Die Ausprägung und Anordnung von Revisionsöffnungen ist in hohem Maße von der Konstruktion, der vorgesehenen Verwendung der Anlage und dem gewählten Reinigungsverfahren abhängig. Mit DIN EN 12097[4] werden entsprechende Planungsvorgaben gegeben, jedoch sind die genaue Größe, die Anzahl und die Verteilung der Revisionsöffnungen individuell festzulegen.

0.2.6 Beibringen von Genehmigungen, Prüfungen und Abnahmen, z. B. Verwendbarkeitsnachweise.

Sind Genehmigungen, Prüfungen und Abnahmen gefordert und sollen diese durch den Auftragnehmer beigebracht werden, so ist dieses ausführlich zu beschreiben. Bei den Prüfungen handelt es sich gem. 4.2.23 um Besondere Leistungen.

4 DIN EN 12097 „Lüftung von Gebäuden – Luftleitungen – Anforderungen an Luftleitungsbauteile zur Wartung von Luftleitungssystemen"

***0.2.7** Anzahl, Art und Maße von Mustern und Musterkonstruktionen. Ort der Anbringung.*

Musterkonstruktionen können im Bereich der Raumlufttechnik beispielsweise für die Ausstattung eines Musterraumes mit den gewählten Luftdurchlässen erforderlich sein.

Sind Muster oder Musterkonstruktionen bereitzustellen oder zu errichten, so sind hierzu alle erforderlichen Angaben zu Umfang, Ort und Zeitraum der Errichtung und Bereitstellung zu machen.

***0.2.8** Art und Umfang von Leistungen für den Winterbau.*

Sind witterungsbedingt besondere Vorkehrungen für die Erbringung von Leistungen zu treffen, so sind diese in ihrer Art und Ausführung genau zu beschreiben. Beispielhaft sei hier die Erstellung von Provisorien zur Beheizung der Baustelle genannt, um bei niedrigen Außentemperaturen Verlegearbeiten von Luftleitungen und deren Abdichtung zu ermöglichen (siehe Abschnitt 3.1.5).

***0.2.9** Schutz von Bau- und Anlagenteilen, Einrichtungsgegenständen und dergleichen.*

Sind zum Schutz vorhandener Einrichtungsgegenstände und Bauteile besondere Vorsichtsmaßnahmen zu ergreifen, so sind diese im Leistungsverzeichnis zu beschreiben. Schutzmaßnahmen können beispielsweise für die Lagerung wieder zu verwendender Bauteile oder im Rahmen der Fertiginstallation, wenn durch andere Gewerke bereits schutzbedürftige Komponenten eingebracht wurden, erforderlich werden.

***0.2.10** Besondere Anforderungen an Wand- und Deckendurchführungen.*

Wand- und Deckendurchführungen, für die Anforderungen an Brand-, Schall-, Wärme-, Feuchte- und Strahlenschutz sowie die Energieeffizienz und die Luftdichtheit der Gebäudehülle gelten, sind dem Auftragnehmer bereits im Leistungsverzeichnis in Art und Umfang detailliert anzugeben und entsprechend in den Plänen zu kennzeichnen. Der Text wurde als Standardtext durch den HAH vorgegeben und sofern erforderlich an die Belange der jeweiligen ATV, in den er übernommen wurde, angepasst.

***0.2.11** Anforderungen an den Brand-, Schall-, Wärme-, Feuchte- und Strahlenschutz, Energieeffizienz sowie an die Luftdichtheit der Gebäudehülle. Art und Umfang erforderlicher Leistungen.*

Besondere Anforderungen an den Brand-, Schall-, Wärme-, Feuchte- und Strahlenschutz sowie an die Energieeffizienz und die Luftdichtheit der Gebäudehülle sind dem Auftragnehmer bereits im Leistungsverzeichnis in Art und Umfang detailliert anzugeben und entsprechend in den Plänen zu kennzeichnen. Hierbei ist insbesondere die Angabe von Brandabschnitten, Temperaturbereichen (z. B.: Diffusionsdichte Dämmung), Luftdichtheitsklassen/Druckzonen und des energetischen Standards erforderlich. Aus diesen Angaben lassen sich unterschiedliche Ausführungshinweise ableiten. So muss in einem Passivhaus in gesteigertem Maße auf die Luftdichtheit in allen Gebäudebereichen geachtet werden.

***0.2.12** Anforderungen an die auf dem Rohfußboden zu verlegenden Leitungen.*

Für Leitungen, die auf dem Rohfußboden zu verlegen sind, müssen alle erforderlichen Angaben bezüglich Fußbodenaufbau und den Maßnahmen zur Trittschalldämmung dem Auftragnehmer zur Verfügung gestellt werden. Diese Angaben werden benötigt, um den für die Installationsarbeiten erforderlichen Freiraum und die Platzierung der Leitungen im später vorhandenen Installationsraum beurteilen zu können. Außerdem kann eine Verlegung in der Dämmebene bzw. in oder unterhalb der Trittschallebene erhebliche Auswirkungen auf die energetische Qualität bzw. den Schallschutz haben. Sollen Luftleitungen im Estrich verlegt werden, sind zusätzliche Belange wie Statik, Schallschutz, Wärmeschutz etc. zu beachten.

***0.2.13** Art und Umfang von Leistungen zur Schaffung von Zonen mit unterschiedlichen raumklimatischen Anforderungen.*

Die Planung von Zonen unterschiedlichen Raumklimas hat unmittelbar Einfluss auf die Anordnung der Luftdurchlässe, das Regelkonzept und die Betriebsweise der Anlage. Für das Verständnis des Anlagenkonzeptes sind diese Angaben erforderlich.

***0.2.14** Besondere physikalische, chemische und biologische Beanspruchungen, denen Stoffe und Bauteile nach dem Einbau ausgesetzt sind, z. B. aggressive Dämpfe.*

Der Auftraggeber hat den Auftragnehmer auf besondere physikalische und chemische Beanspruchungen hinzuweisen, denen Stoffe und Bauteile nach dem Einbau ausgesetzt sind. Solche Beanspruchungen können beispielsweise aggressive Umgebungsbedingungen in Laborräumen oder Küchenabluftanlagen sein.

***0.2.15** Art und Umfang von Hygienemaßnahmen, z. B. entsprechend VDI 6022 Blatt 1 „Raumlufttechnik, Raumluftqualität – Hygieneanforderungen an Raumlufttechnische Anlagen und Geräte (VDI-Lüftungsregeln)"* [1)]

---

1) Autor: VDI-Gesellschaft Bauen und Gebäudetechnik, VDI-Platz 1, 40468 Düsseldorf, www.vdi.de. Zu beziehen durch: Beuth Verlag GmbH, 10772 Berlin, www.beuth.de.

Mit der Ausgabe VOB 2016 wurde die Inbezugnahme der VDI 6022 auf deren Blatt 1[5] beschränkt. Hintergrund ist, dass zwischenzeitlich zehn Blätter zu dieser Richtlinienreihe erschienen sind, von denen nur Blatt 1 unmittelbar auf Planung und Ausführung raumlufttechnischer Anlagen anwendbar ist. Nebenanforderungen, wie eine Schulung nach den Inhalten der VDI 6022 Kategorie A für Planer und Errichter, sind ebenfalls in Blatt 1 beschrieben.

Sofern die Hygiene-Erstinspektion vom Auftragnehmer durchgeführt werden soll, ist dieses separat auszuschreiben.

***0.2.16** Art und Umfang von Provisorien.*

Mit der Errichtung von Provisorien sind häufig Folgen verknüpft, die sich nicht auf den ersten Blick erschließen. Neben Fragen zum sicheren Betreiben der Provisorien sind auch Hygieneaspekte zu beachten. Raumlufttechnische Anlagen dürfen nicht ohne Filter betrieben werden, die zu be- und entlüftenden Bereiche müssen sauber und frei von Baustellenschmutz sein. Bei wasserführenden Komponenten ist im Winterbetrieb auf deren dauerhafte Funktion zu achten, da andernfalls die Gefahr des Einfrierens besteht. Zusätzlich muss die dauerhafte Stromversorgung der elektrischen Antriebe gewährleistet sein.

---

5 VDI 6022-1 „Raumlufttechnik, Raumluftqualität – Hygieneanforderungen an Raumlufttechnische Anlagen und Geräte"

Der für das Errichten und den Betrieb erforderliche personelle Aufwand muss beschrieben sein, um kalkuliert werden zu können.

***0.2.17** Vorgezogenes oder nachträgliches Herstellen von Teilen der Leistung. Zeitpunkte der – gegebenenfalls stufenweisen – Fertigstellung und Inbetriebnahme.*

Hintergrund dieses Hinweises für die Leistungsbeschreibung ist der kalkulatorische Mehrbedarf, der sich zum Beispiel durch mehrmaliges Verlegen des Arbeitsplatzes des Auftragnehmers (einschl. Material und Werkzeug) auf der Baustelle ergibt. Gleiches gilt für den erhöhten Abstimmungsbedarf im Sinne des Abschnittes 0.2.16.

***0.2.18** Schnittstellen zu anderen Gewerken.*

Schnittstellen zu anderen Gewerken sind in Art und Umfang mit allen Leistungsdaten und Dimensionen detailliert anzugeben. Hierunter fallen insbesondere die Bereitstellung von Versorgungsleitungen durch die Gewerke Heizung und Sanitär und die Anbindung an die MSR/Gebäudeautomation im Sinne von Abschnitt 0.2.19.

***0.2.19** Angaben zur Gebäudeautomation, z. B. Schnittstellen, Schnittstellendefinition.*

Der Auftragnehmer benötigt alle Angaben darüber, welche Daten in welcher Form an die Gebäudeautomation übermittelt werden sollen. Beispiele hierfür sind Kommunikationsprotokolle (LON, BACnet, KNX, etc.), Leistungsdaten und Störmeldungen von Ventilatoren, Zähleinrichtungen, Feuchte- oder Temperaturfühlern.

***0.2.20** Art und Umfang von Leistungen zur gewerkeübergreifenden Inbetriebnahme.*

Sind für die Inbetriebnahme von Anlagen/Anlagenteilen gewerkeübergreifende Abstimmungen nötig, so sind diese im Vorfeld ausführlich zu planen und zu beschreiben. Als Beispiel für gewerkeübergreifende Inbetriebnahmen können Wärmeübertrager genannt werden, die nur gemeinsam mit der Wärme- oder Kälteversorgungsanlage auf korrekte Funktion geprüft werden können.

***0.2.21** Art und Umfang der zu erstellenden und zu übergebenden Unterlagen vor der Montage bzw. zur Bestandsdokumentation, z. B.:*

- *Funktions- und Strangschemata,*
- *Bestandspläne,*
- *Stückliste, enthaltend alle Mess-, Steuerungs- und Regelgeräte (MSR),*
- *Stromlaufplan und gegebenenfalls Funktionsplan der Steuerung nach DIN EN 60848 „GRAFCET, Spezifikationssprache für Funktionspläne der Ablaufsteuerung“,*
- *Funktionsbeschreibung unter Einbeziehung der Regelung mit Darstellung der Regelschemata,*
- *Protokolle über die im Rahmen der Einregulierungsarbeiten durchgeführten endgültigen Einstellungen und Messungen,*
- *Ersatzteillisten,*
- *Berechnung des Energiebedarfs,*
- *Diagramme und Kennlinienfelder,*
- *Informationslisten bei MSR-Anlagen in DDC-Technik (siehe Richtlinien der Reihe VDI 3814 „Gebäudeautomation (GA))“[1].*

1) Autor: VDI-Gesellschaft Bauen und Gebäudetechnik, VDI-Platz 1, 40468 Düsseldorf, www.vdi.de. Zu beziehen durch: Beuth Verlag GmbH, 10772 Berlin, www.beuth.de.

Die korrekte, der tatsächlich ausgeführten Anlage entsprechende Bestandsdokumentation gewinnt zunehmend an Bedeutung. Diese Unterlagen bilden die Grundlage für einen effizienten und wirtschaftlichen Betrieb und müssen bei baulichen Änderungen an den Anlagen im Verlauf des späteren Betriebes an diese Änderungen angepasst werden können.

Der Ausschreibende ist angehalten, Art und Umfang der vom Auftragnehmer zu übergebenden Unterlagen ausführlich zu beschreiben. Die Formulierung „zu erstellen und zu übergeben“ wurde gewählt, um deutlich zu machen, dass das Erstellen der Unterlagen durch den Auftragnehmer, auf Basis der vom Auftraggeber zu übergebenden Unterlagen nach Abschnitt 3.1.2, zu erfolgen hat. Werden Anschlüsse an bestehende Anlagen vorgesehen, können Bestandspläne auch die vom Auftraggeber beizustellenden Pläne der bereits vor Montagebeginn existierenden Anlagen betreffen.

Unabhängig von der hier gewählten Auflistung sind vom Auftragnehmer vor der Montage beispielsweise Montagepläne oder Werkstattzeichnungen gemäß Abschnitt 3.1.2 zu erstellen und soweit erforderlich mit dem Auftraggeber abzustimmen. Die spätestens bei der Abnahme vom Auftragnehmer mitzuliefernden Unterlagen sind in Abschnitt 3.6 beschrieben. Werden Bestandspläne oder Funktions- und Strangschemata benötigt, müssen diese separat ausgeschrieben werden; siehe hierzu Abschnitt 4.2.23.

Die gewählte Auflistung ist als beispielhaft zu verstehen und weder als vollständig anzusehen, noch in allen Punkten für ein einzelnes Bauvorhaben zutreffend.

0.2.22 *Prüfklasse und Prüfumfang nach DIN EN 12599 „Lüftung von Gebäuden – Prüf- und Messverfahren für die Übergabe raumlufttechnischer Anlagen“.*

Nach DIN EN 12599 wird das Vorgehen zur Übergabe eingebauter raumlufttechnischer Anlagen aufgelistet. Dabei wird zwischen Funktionsprüfungen und Funktionsmessungen unterschieden. In Kapitel 5 sind die Funktionsprüfungen beschrieben, Kapitel 6 der Norm enthält die Funktionsmessungen. Der Umfang von Funktionsmessungen wird in Tabelle 2 „Funktionsmessungen“ nach drei Stufen unterschieden (Tabelle 3):

0 nicht erforderlich

1 ist durchzuführen

2 nur bei Beauftragung

Diese Aufteilung erlaubt eine direkte Übertragung auf die Nebenleistungen und die Besonderen Leistungen nach VOB. Funktionsmessungen nach Stufe eins „ist durchzuführen“ können als Nebenleistungen betrachtet werden, solche nach Stufe zwei „nur bei Beauftragung“ als Besondere Leistung. Gleiches gilt für Messungen nach Stufe null „nicht erforderlich“. Sollten diese gewünscht werden, sind sie separat im Leistungsverzeichnis zu beschreiben.

Ziel der Funktionsprüfungen ist der Nachweis, dass die Betriebsfähigkeit der Anlage bei unterschiedlichen Betriebsbedingungen gegeben ist. Die korrekte Installation der Komponenten kann so festgestellt werden.

Die Funktionsmessungen dienen dem Nachweis, dass die installierte Anlage die vereinbarten Bedingungen erfüllt und die geplanten Sollwerte erreicht.

Tabelle 3: DIN EN 12599:2013-01, Tabelle 2 „Funktionsmessungen“

Messung an		**Gesamtanlage**	**Zentrale/Gerät**				**Luftleitungssystem**			**Raum**			
Messgrößen / **Art der Anlage/Funktion**		**Zusätzliche Sauberkeitsprüfung**	**Strom- und Leistungsaufnahme des Motors [D.6]**	**Volumenstrom[a] [D.1]**	**Lufttemperatur[a] [D.3]**	**Druckabfall im Filter [D.7]**	**Prüfung der Dichtigkeit des Luftleitungssystems [D.8]**	**Zuluftstrom [D.1]**	**Abluftstrom [D.1]**	**Zuluft- und Raumlufttemperatur[b] [D.3]**	**Luftfeuchte [D.4]**	**Schalldruckpegel [D.5]**	**Raumluftgeschwindigkeit [D.2]**
Lüftungsanlage	(F) Z	2	1	1	0	1	2	1	2	0	0	2	0
	(F) H	2	1	1	1	1	2	1	2	2	0	2	2
	(F) C	2	1	1	1	1	2	1	2	2	2	2	2
	(F) M/D	2	1	1	1	1	2	1	2	2	1	2	2
Teilklimaanlage	(F) HC	2	1	1	1	1	2	1	2	1	2	2	2
	(F) HM/HD/CM/CD	2	1	1	1	1	2	1	2	1	1	2	2
	(F) MD	2	1	1	1	1	2	1	2	2	1	2	2
	(F) HCM/MCD/CHD/HMD	2	1	1	1	1	2	1	2	1	1	2	2
Klimaanlage	(F) HCMD	2	1	1	1	1	2	1	2	1	1	2	2

a Außenluft, Zuluft und Abluft.

b In Abhängigkeit von Regelungsgrundsätzen, falls erforderlich.

Erläuterungen:

0 Messung nicht erforderlich

1 in allen Fällen durchzuführen

2 nur durchzuführen, wenn vertraglich vereinbart

Neben dem Umfang der Funktionsmessungen ist auch die gewünschte Prüfklasse zu vereinbaren. Diese ist nach DIN EN 12599 Anhang C Bild C.1 in die vier Klassen A bis D unterteilt. Der Prüfumfang ist in Abhängigkeit der verbauten Anzahl gleicher Komponenten beschrieben. Klasse D entspricht einer Prüfung jeder einzelnen Komponente, Klasse A umfasst den geringsten Prüfumfang.

0.2.23 Durchführung von Funktionsmessungen.

Der Umfang von Funktionsmessungen zur Übergabe der Anlagen ist im Leistungsverzeichnis festzulegen und kann nach Anhang C „Bestimmung des Umfangs von Funktionsprüfungen und -messungen“ der DIN EN 12599, Abschnitte C.1 bis C.4 festgelegt werden. Für die Anzahl von Messungen in ähnlich ausgestatteten Räumen werden in Anhang C, Bild C.1 „Zu prüfende Anzahl p von n ähnlichen Situationen“ die Klassen A bis D vorgeschlagen. Klasse D entspricht dabei einem 1 : 1-Test aller installierten Komponenten.

Werden Funktionsmessungen für alle Betriebszustände wie den Heizfall im Winter und den Kühlfall im Sommer gewünscht, können diese Messungen nicht kontinuierlich durchgeführt werden. Wird die Anlage im Winter übergeben und sollte ein besonders milder Sommer auf die Übergabe der Anlage folgen, wäre die Funktionsmessung im darauffolgenden Sommer durchzuführen. Da dies nicht absehbar oder kalkulierbar ist, sollten diese umfänglichen Messungen gesondert vereinbart werden.

Zur Bewertung von Funktionsmessungen als Neben- oder Besondere Leistung nach VOB siehe auch Abschnitt 0.2.22.

0.2.24 Angebot eines Instandhaltungs- bzw. Wartungsvertrages.

Ist das Angebot eines Instandhaltungs- bzw. Wartungsvertrages gewünscht, so ist dieser in Art und Umfang detailliert zu beschreiben.

Die Wartung von Anlagen ist nicht nur für die Aufrechterhaltung der technischen Funktionsfähigkeit, sondern auch hinsichtlich der Verjährungsfrist von Mängelansprüchen von wesentlicher Bedeutung. Die Verjährungsfrist für Mängelansprüche für Teile von maschinellen und elektrotechnischen/elektronischen Anlagen, bei denen die Wartung Einfluss auf Sicherheit und Funktionsfähigkeit hat, beträgt nach § 13 Abs. 4 Nr. 2 VOB/B 2 Jahre, wenn der Auftraggeber dem Auftragnehmer die Wartung für die Dauer der Verjährungsfrist nicht übertragen hat. Siehe hierzu auch Abschnitt 0.2.20 der DIN 18299.

0.2.25 Art und Umfang der dem Auftragnehmer für die Beurteilung und Ausführung der Anlage zu liefernden Planungsunterlagen und Berechnungen.

Die Art und der Umfang der Unterlagen, die dem Auftragnehmer zur Verfügung gestellt werden müssen, richten sich nach Umfang und Komplexität der Baumaßnahme. Die Unterlagen müssen so beschaffen sein, dass es dem Auftragnehmer möglich ist, alle relevanten Leistungsteile im Vorfeld zu überblicken.

Siehe hierzu auch § 3 (1) VOB/B und Abschnitt 3.1.2 letzter Absatz dieser ATV. Hier sind die wesentlichen zu liefernden Unterlagen aufgeführt.

0.2.26 *Art, Umfang und Ausbildung von Leistungen zum Schutz gegen das Eindringen von Regenwasser und Schnee.*

Regenwasser, Schnee, Laub oder Ungeziefer können auch im Regelbetrieb beispielsweise in Außen- und Fortluftöffnungen eindringen. Das Ausmaß derartiger Verunreinigungen hängt wesentlich von der Anordnung der Lüftungsöffnungen im Bauwerk und der geografischen Ausrichtung ab. Die gewählten Maßnahmen, um das Eindringen von Fremdkörpern zu verhindern, sind ebenso wie die jeweiligen Bauteile im Leistungsverzeichnis zu beschreiben. Das Rückhaltevermögen kann mit der Wahl der Luftlenklamellen in den Wetterschutzgittern wesentlich beeinflusst werden. Eine Möglichkeit zur Reinigung und zur Entwässerung der Außenluftleitung ist gemäß VDI 6022-1 vorzusehen.

0.2.27 *Art der Verbindung von Luftleitungen, z.B. geflanscht, gesteckt, genietet, geschraubt.*

Die Art der Verbindung von Luftleitungen untereinander und mit Luftleitungskomponenten hat wesentlichen Einfluss auf die Luftdichtheit des Systems. Für Nietverbindungen sind Hohlnieten aufgrund der Leckluftverluste ungeeignet. Werden hohe Dichtheitsklassen gewünscht, müssen die Luftleitungen und das Verbindungssystem aufeinander abgestimmt und entsprechend ausgeschrieben sein.

0.2.28 *Art und Umfang von Leitblechen (Luftlenkeinrichtungen).*

Anzahl und Anordnung von Leitblechen sind in DIN EN 1505 „Lüftung von Gebäuden – Luftleitungen und Formstücke aus Blech mit Rechteckquerschnitt – Maße“ für rechteckige Luftleitungen und Formstücke aus Blech beschrieben. Die Angaben bzgl. der erforderlichen Anzahl und der räumlichen Lage von Leitblechen in Bögen sind in einem informativen Anhang B enthalten. In Verbindung mit den Anforderungen nach DIN EN 1507 „Lüftung von Gebäuden – Rechteckige Luftleitungen aus Blech – Anforderungen an Festigkeit und Dichtheit“ und der jeweils gewählten Blechstärke kann eine von DIN EN 1505 abweichende Anzahl von Leitblechen erforderlich werden.

Nach Kapitel 5, Tabelle 2, Zeile 21 dieser ATV wird die Anzahl der Leitbleche entsprechend DIN EN 1505 unabhängig von der Blechdicke oder weiterer Maßnahmen zur Aussteifung der Luftleitungen als Nebenleistung definiert.

0.2.29 Art und Umfang der Kennzeichnung von Luftleitungen.

Die Kennzeichnung von Luftleitungen dient der besseren Orientierung bei Instandhaltungsarbeiten, der Vermeidung von Fehlinterpretationen und unterstützt den sicheren Umgang mit den Anlagen. Die Kennzeichnung der Luftleitungen nach Luftart, der zu wählenden Abkürzung und der Kennzeichnungsfarbe ist in DIN EN 16798-3, Tabelle 6 wiedergegeben, welche die Norm DIN EN 13779[6] ersetzt.

Die Anzahl der erforderlichen Kennzeichnungen und deren Anbringungsort ist jedoch dort nicht behandelt, da dieses jeweils an die individuelle Anlage angepasst werden muss. Die entsprechenden Hinweise sind daher im Rahmen der Planung zu erarbeiten und vorzugeben. Diese Leistung ist in Abschnitt 4.2.11 als Besondere Leistung aufgenommen worden.

Tabelle 4: Auszug aus E DIN EN 16798-3:2015-01, Tabelle 3 „Festlegung von Luftarten“

Nr. (Bild 1)	Luftart	Abkürzung	Farbe	Definition
1	Außenluft	ODA	Grün	Unbehandelte Luft, die von außen in die Anlage oder in eine Öffnung einströmt
2	Zuluft	SUP	Blau	Luftstrom, der in den behandelten Raum eintritt oder Luft, die in die Anlage eintritt, nachdem sie behandelt wurde
3	Raumluft	IDA	Grau	Luft im behandelten Raum oder Bereich
4	Überströmluft	IRA	Grau	Raumluft, die vom behandelten Raum in einen anderen behandelten Raum strömt
5	Abluft	ETA	Gelb	Luftstrom, der den behandelten Raum verlässt und in die Luftbehandlungseinheit strömt
6	Umluft	RCA	Orange	Abluft, die der Luftbehandlungsanlage wieder zugeführt wird und als Zuluft wiederverwertet wird

6 DIN EN 13779 „Lüftung von Nichtwohngebäuden – Allgemeine Grundlagen und Anforderungen für Lüftungs- und Klimaanlagen und Raumkühlsysteme“

***0.2.30** Möglichkeiten zur Aufnahme von Kräften hängender Bauteile und Apparate.*

Der Auftragnehmer ist darüber zu informieren, welche Besonderheiten bei der Befestigung von Wand- oder deckenhängenden Bauteilen und Apparaten zu beachten sind. Sind besondere Vorkehrungen aus Gründen der Statik zu treffen, so sind diese dem Auftragnehmer anzugeben. Als Beispiel hierfür können Befestigungen an Trapezblechen oder Ständerwerken genannt werden.

***0.2.31** Art und Umfang von Zustandsprüfungen vorhandener Luftleitungen und Anlagenteile.*

Sind vorhandene Luftleitungen und Anlagenteile auf ihren Zustand zu überprüfen, so ist der gewünschte Umfang detailliert zu beschreiben.

Beispiel: nur Sichtprüfung, auch Dichtheitsprüfung, Bewertung des Zustandes einschließlich Isolierung etc.

***0.2.32** Bauteilfertigung nach Ausführungsplan oder nach örtlichem Aufmaß.*

Wird eine Bauteilfertigung nach Ausführungsplan verlangt, so ist der entsprechende Ausführungsplan durch den Auftragnehmer zur Werkstattzeichnung fortzuschreiben (siehe 3.1.2). Soll die Bauteilfertigung nach örtlichem Aufmaß erfolgen, ist der Auftragnehmer hierüber in Kenntnis zu setzen. Besonderheiten, Anforderungen an Schall- und Brandschutz sowie Statik und Fixpunkte sind zu beschreiben.

***0.2.33** Art, Beschaffenheit und Festigkeit des Untergrundes, z.B. Stahl, Beton, verputztes oder unverputztes Mauerwerk, Holz.*

Die Art, Beschaffenheit und Festigkeit des Untergrundes sind anzugeben, um dem Auftragnehmer die Möglichkeit zu geben, seine Auswahl des Befestigungsmaterials und der Konstruktion der Befestigung darauf abzustimmen. Bei zum Zeitpunkt der Montage noch nicht vorhandenem Putz ist beispielsweise ein ausreichender Abstand zwischen Wand und Installation vorzusehen, um nach erfolgten Putzarbeiten den geplanten Wandabstand einhalten zu können.

***0.2.34** Anzahl, Art, Maße und Ausbildung von Abschlüssen und Anschlüssen an angrenzende Bauteile, z. B. luftdichte Anschlüsse.*

Anforderungen an die Luftdichtheit können sich aus der Art der Nutzung (z.B. Labor, Serverraum mit Gas-Löschanlage) oder der energetischen Qualität des Gebäudes (EnEV-Nachweis) ergeben.

Die Beschaffenheit von Abschlüssen und Anschlüssen an angrenzende Bauteile, beispielsweise bei Dachdurchdringungen, ist genau zu beschreiben. Besondere Anforderungen an die Luftdichtheit sowie die hierfür zu treffenden Maßnahmen sind anzugeben.

***0.2.35** Art, Lage, Maße und Ausbildung von Bewegungs-, Bauwerks- und Bauteilfugen.*

Um die mit dem Bauwerk verbundenen Installationen vor Schäden beispielsweise durch Längenausdehnung und Setzungen der Gebäudeteile zu schützen, ist es notwendig, dem Auftragnehmer die entsprechenden Angaben zu den Fugen (z.B. Lage und Ausmaß der zu erwartenden Bewegung) zukommen zu lassen. Nur bei genauer Kenntnis der relevanten Punkte können geeignete Vorkehrungen getroffen werden. Der Text wurde als Standardtext durch den HAH vorgegeben und sofern erforderlich an die Belange der jeweiligen ATV, in den er übernommen wurde, angepasst.

***0.2.36** Anzahl, Art, Lage und Maße von herzustellenden oder zu schließenden Aussparungen.*

Sind durch den Auftragnehmer Aussparungen und Durchführungen selbst herzustellen und/oder zu verschließen, so sind ihm dafür alle erforderlichen Angaben zur Verfügung zu stellen.

Hierbei ist neben der Angabe von Art, Lage und Maße, statischem Nachweis, Art der Ausführung (z.B. Bohren, Fräsen) insbesondere auch die Qualität hinsichtlich des herzustellenden Brand- und Schallschutzes sowie der Luftdichtheit anzugeben.

Die Leistungen sind nach ATV 18330 „Maurerarbeiten“ auszuführen.

0.2.37 Anzahl, Art, Lage, Maße und Massen von Installations- und Einbauteilen.

Alle Installations- und Einbauteile sind in ihrer geforderten Beschaffenheit genau zu beschreiben. Beispiele hierfür sind:

- Anzahl der Steigleitungen
- Bauteile in Zwischendecken oder besonderen Räumen/Bereichen
- Einbauteile wie Klappen oder Volumenstromregler
- Maße und Massen der Bauteile für Einbringung und Transport auf der Baustelle.

0.2.38 Gestaltung und Einteilung von Flächen sowie Raster- und Fugenausbildung.

Werden aufgrund der Flächengestaltung besondere Anforderungen an die Installationen gestellt, ist eine genaue Beschreibung der Fläche erforderlich. Für das Gewerk Raumlufttechnik ist der Deckenspiegel hierbei von besonderer Bedeutung. Bei der Anordnung der Luftdurchlässe müssen sowohl deren Platzbedarf innerhalb der Zwischendecke, die erforderlichen Abstände untereinander als auch die sich einstellende Raumluftströmung berücksichtigt werden.

0.2.39 Anzahl, Art, Lage, Maße und Beschaffenheit von geneigten, gebogenen oder andersartig geformten Flächen.

Bei geometrischen Besonderheiten von Boden-, Wand- und Deckenflächen im Baukörper, die Auswirkungen auf die Produktauswahl oder Montage haben, sind besondere Hinweise an den Auftragnehmer notwendig, damit dieser seine Leistung kalkulieren kann. Bezugspunkte sind für die Ausführung gesondert anzugeben.

Beispielhaft seien hier frei geformte Deckenelemente genannt, deren Form von den Schlitzdurchlässen aufgenommen werden soll.

0.2.40 Angaben zu besonderen lufttechnischen Anlagen, z. B. Entrauchungsanlage, Rauchschutzdruckanlage.

Werden raumlufttechnische Anlage für Zwecke eingesetzt, die nicht nur eine Konditionierung der Raumluft vorsehen, ist dieses im Leistungsverzeichnis umfänglich zu beschreiben. Insbesondere sicherheitstechnische Anforderungen, beispielsweise an Überdruckanlagen für Fluchtwege, sind zu beschreiben.

Diese Ergänzung wurde auf Wunsch der Planer in die Hinweise für das Aufstellen der Leistungsbeschreibung aufgenommen, da diese Anlagen dort oftmals nur unzureichend beschrieben wurden.

0.3 Einzelangaben bei Abweichungen von den ATV

0.3.1 Wenn andere als die in dieser ATV vorgesehenen Regelungen getroffen werden sollen, sind diese in der Leistungsbeschreibung eindeutig und im Einzelnen anzugeben.

Werden von Kapitel 3 der ATV DIN 18379 abweichende oder ergänzende Ausführungen gewünscht, ist deren Beschreibung im Leistungsverzeichnis erforderlich. Erfolgt keine derartige Beschreibung, kann die Ausführung gemäß den Vorgaben in Kapitel 3 erwartet werden. Wird aus Kapitel 3 auf Abschnitt 4.2 verwiesen, handelt es sich bei diesen Leistungen um Besondere Leistungen.

Die Inhalte der Regelungen der ATV DIN 18299 gelten ergänzend, sofern in der ATV DIN 18379 keine anderslautenden Vorgaben enthalten sind.

0.3.2 Abweichende Regelungen können insbesondere in Betracht kommen bei

Abschnitt 3.2.9, wenn für den Schallschutz andere Bestimmungen als VDI 2081 Blatt 1 „Geräuscherzeugung und Lärmminderung in Raumlufttechnischen Anlagen" zugrunde gelegt werden sollen,

Abschnitt 3.6, wenn die geforderten Unterlagen nicht in 3-facher Ausfertigung in Papierform und in deutscher Sprache übergeben werden sollen, sondern in größerer Stückzahl oder in anderer Form auszuhändigen sind, z. B. Zeichnungen unter Glas, auf Datenträger.

Von der ATV 18379 abweichende Regelungen sind in der Leistungsbeschreibung detailliert und einzeln anzugeben. Dem Auftragnehmer muss kenntlich und verständlich gemacht werden, welche Art der Ausführung er für die Preisfindung zu beachten hat.

Werden andere als die in VDI 2081 Blatt 2 beschriebenen Anforderungen an den Schallschutz gewünscht, muss dies ausführlich erläutert werden. In Betracht kommen dabei die Regelungen der DIN EN 15251[7] oder DIN 1946-6[8] für Wohnungslüftungsanlagen.

Die Nennung der Abschnitte 3.2.9 und 3.6 ist nur beispielhaft, Abweichungen können auch an anderen Stellen gewünscht sein und müssen in diesem Fall im Leistungsverzeichnis ausführlich beschrieben sein.

0.4 Einzelangaben zu Nebenleistungen und Besonderen Leistungen

Keine ergänzende Regelung zur ATV DIN 18299, Abschnitt 0.4.

In der ATV 18379 werden keine ergänzenden Angaben gemacht. Hier gelten die Punkte 0.4.1 Nebenleistungen und 0.4.2 Besondere Leistungen aus der ATV 18299. Diese lauten wie folgt:

0.4.1 Nebenleistungen (ATV DIN 18299)

Nebenleistungen (Abschnitt 4.1 aller ATV) sind in der Leistungsbeschreibung nur zu erwähnen, wenn sie ausnahmsweise selbständig vergütet werden sollen. Eine ausdrückliche Erwähnung ist geboten, wenn die Kosten der Nebenleistung von erheblicher Bedeutung für die Preisbildung sind; in diesen Fällen sind besondere Ordnungszahlen (Positionen) vorzusehen.

Dies kommt insbesondere für das Einrichten und Räumen der Baustelle in Betracht.

Alle Nebenleistungen nach Abschnitt 4.1, die abweichend von Kapitel 3 ausgeführt werden sollen, sind im Leistungsverzeichnis nach Art und Umfang zu beschreiben.

0.4.2 Besondere Leistungen (ATV DIN 18299)

Werden Besondere Leistungen (Abschnitt 4.2 aller ATV) verlangt, ist dies in der Leistungsbeschreibung vorzugeben; gegebenenfalls sind hierfür besondere Ordnungszahlen (Positionen) vorzusehen.

---

7 DIN EN 15251 „Eingangsparameter für das Raumklima zur Auslegung und Bewertung der Energieeffizienz von Gebäuden – Raumluftqualität, Temperatur, Licht und Akustik"

8 DIN 1946-6 „Raumlufttechnik – Teil 6: Lüftung von Wohnungen – Allgemeine Anforderungen, Anforderungen zur Bemessung, Ausführung und Kennzeichnung, Übergabe/Übernahme (Abnahme) und Instandhaltung"

0.5 Abrechnungseinheiten

Im Leistungsverzeichnis sind die Abrechnungseinheiten wie folgt vorzusehen:

Die Inhalte des Kapitels 5 wurden für alle ATVen der VOB/C formal aneinander angeglichen. Die neue Gliederung sieht vor, dass zunächst in Abschnitt 5.1 allgemeine Dinge zur Abrechnung beschrieben werden, in Abschnitt 5.2 werden die Maße und Mengen erfasst und Abschnitt 5.3 behandelt die bisher zumeist auf verschiedene Abschnitte verteilten Übermessungsregelungen.

Die folgenden Punkte enthalten die für das Gewerk Raumlufttechnik üblichen Abrechnungseinheiten, welche sich als zweckmäßig erwiesen haben. Diese Abrechnungseinheiten sind im Leistungsverzeichnis für die Angabe der einzelnen Positionen zu verwenden.

Gegenüber der Ausgabe VOB 2012 ergaben sich mit der vorliegenden Ausgabe keine inhaltlichen Änderungen in Kapitel 5.

0.5.1 *Flächenmaß (m²), getrennt nach Art und Abrechnungsgruppen nach Tabelle 1, für eckige Luftleitungen und deren Formteile, z. B. Endböden, Abschlussdeckel, Trennbleche und Überlappungen, Passstücke, Leitbleche (Luftlenkeinrichtungen).*

Tabelle 1: *Abrechnungsgruppen*

Lfd. Nr.	*Luftleitungen*	*Formteile*	*Größte Kantenlänge mm*
	Abrechnungsgruppe		
1	*L 1*	*F 1*	*bis 500*
2	*L 2*	*F 2*	*über 500 bis 1 000*
3	*L 3*	*F 3*	*über 1 000 bis 1 500*
4	*L 4*	*F 4*	*über 1 500 bis 2 000*
5	*L 5*	*F 5*	*über 2 000*

Die Flächenabrechnung ist insbesondere für in Einzelfertigung hergestellte Luftleitungen und Formstücke von Bedeutung. Die entsprechend den Vorgaben nach Tabelle 2 in Kapitel 5 dieser ATV ermittelten Längen, Umfänge und Flächen können zur Vereinfachung der Abrechnung in die Abrechnungsgruppen L 1 bis L 5 beziehungsweise F 1 bis F 5 eingeteilt werden. Somit wird die Anzahl der einzeln im Leistungsverzeichnis und bei der Abrechnung anzugebenden Bauteile deutlich verringert.

***0.5.2** Längenmaß (m), getrennt nach Art, Maßen und Wanddicke, für regelmäßig industriell vorgefertigte Luftleitungen.*

Insbesondere für industriell vorgefertigte Luftleitungen kann eine Abrechnung nach Längenmaß in Frage kommen. Dazu sind auch die in festgelegten Dimensionen vorgefertigten Rundrohre in starrer oder flexibler Ausführung zu zählen. Die Längenangabe erfolgt in Metern, es ist nach der jeweiligen Bauart, der zugehörigen Wanddicke und der Dimension zu unterteilen. Diese Regelung gilt für starre und flexible Leitungen sowie für alle Leitungsquerschnitte, die industriell vorgefertigt werden.

Sofern aus besonderen Gründen genau definierte Leitungslängen benötigt werden, die von der üblichen industriellen Fertigung abweichen, ist dies aufgrund möglicher Mehrkosten bei der Produktion der Bauteile gesondert zu beschreiben.

***0.5.3** Anzahl (St),*

- *getrennt nach Leistungsdaten und kennzeichnenden Merkmalen, für*
  - *Ventilatoren, Antriebsmotoren, Luftfilter, Luftbefeuchter, Warmlufterzeuger, Lufterwärmer, Luftkühler, Schalldämpfer und dergleichen;*
- *getrennt nach Art und Maßen, für*
  - *Absperrorgane, Regelorgane, Drosselklappen und ähnliche Geräte,*
  - *Luftdurchlässe, Deckel von Öffnungen für technische und hygienische Arbeiten im Luftleitungsnetz, Wand- und Deckenhülsen,*
  - *Wand- und Deckendurchführungen mit besonderen Anforderungen, z. B. luftdicht,*
  - *Befestigungen, z. B. geschweißte Konstruktionen, Aufhängungen,*
  - *Schwingelemente und sonstige Bauteile für körperschallgedämpfte Befestigungen,*
  - *Schiebestutzen, Luftdurchlassstutzen, Luftdurchlasskästen, Ausschnitte für Luftdurchlässe;*
- *getrennt nach Art, Maßen und Feuerwiderstandsklasse, für*
  - *Absperreinrichtungen gegen Brandübertragung, z. B. Brandschutzklappen;*

- *getrennt nach Art, Maßen, Wanddicke, Winkel und mittlerem Bogenradius für*
  - *Bögen,*
  - *Formteile und Verbindungsstücke für Luftleitungen gemäß Abschnitt 0.5.2.*

Die Ausschreibung nach Anzahl, Maßeinheit ist „Stück“, stellt den häufigsten Fall dar. Für die einzelnen Bauteile gleicher Nutzung ist dabei nach den jeweils zutreffenden Merkmalen wie beispielsweise Leistung, Material, Bauart oder Verwendungszweck zu unterscheiden.

0.5.4 *Masse (kg, t), getrennt nach Art und Maßen, für*
- *besondere Befestigungskonstruktionen, z. B. Tragkonstruktionen,*
- *Frostschutzmittel,*
- *organische Wärmeträger,*
- *Kältemittel.*

- Besondere Befestigungskonstruktionen, beispielsweise für Tragkonstruktionen und Fixpunkte, werden nach ihrer Masse in kg oder Tonnen angegeben.
- Die der Massenermittlung von Stahl zu Grunde liegenden Massen wurden angepasst, siehe dazu auch Kapitel 5.2.3.1.

1 Geltungsbereich

1.1 Die ATV DIN 18379 „Raumlufttechnische Anlagen“ gilt für das Herstellen von Raumlufttechnischen Anlagen (RLT-Anlagen), bei denen Luft mechanisch gefördert wird.

Der Geltungsbereich der ATV DIN 18379 schließt alle Raumlufttechnischen Anlagen, ohne Betrachtung der mechanischen oder thermodynamischen Luftaufbereitung, ein. Hierzu zählen auch die möglicherweise außerhalb des Gebäudes gelegenen Außen- und Fortluftfassungen.

Die mechanische Förderung von Luft erfolgt durch den Einsatz von Strömungsmaschinen wie Ventilatoren oder Turbinen.

1.2 Die ATV DIN 18379 gilt nicht für das Herstellen von freien Lüftungssystemen und von Prozesslufttechnischen Anlagen, bei denen die Luft ausschließlich zur Durchführung eines technischen Prozesses innerhalb von Apparaten, Kabinen oder Maschinen gefördert wird.

Freie Lüftungssysteme und Prozessluftanlagen sind vom Geltungsbereich ausgeschlossen. Bei Freien Lüftungssystemen erfolgt der Lufttransport durch Dichteunterschiede sowie durch unterschiedliche Winddrücke. Freie Lüftungssysteme sind:

- einseitige Lüftung (Fensterlüftung) und
- Querlüftung (Fenster – Fenster, Fenster – Schacht).

Prozessluftanlagen dienen der Aufrechterhaltung von verfahrenstechnischen Prozessen in abgeschlossenen Bereichen. Diese Anlagen sind eine Untermenge der Industrielüftungsanlagen. Diese schließen auch Anlagen zur Ableitung von Produktionsrückständen oder der Sicherstellung von für die Produktion benötigten Raumluftzuständen, beispielsweise bei der Papierherstellung, ein.

1.3 Ergänzend gilt die ATV DIN 18299 „Allgemeine Regelungen für Bauarbeiten jeder Art“, Abschnitte 1 bis 5. Bei Widersprüchen gehen die Regelungen der ATV DIN 18379 vor.

Grundlegend sind die Regelungen der ATV DIN 18299 „Allgemeine Regelungen für Bauarbeiten jeder Art“ anzuwenden. Werden in dieser ATV abweichende Angaben zur ATV DIN 18299 gemacht, so gehen die Angaben der ATV DIN 18380 vor. Grund hierfür sind die Besonderheiten des Gewerkes, die nicht in den allgemeinen Regelungen für Bauarbeiten abgebildet werden können.

2 Stoffe, Bauteile

Ergänzend zur ATV DIN 18299, Abschnitt 2, gilt:

Abschnitt 2 der ATV DIN 18299 beschreibt die grundlegenden Eigenschaften von Stoffen und Bauteilen sowie deren Transport und Lagerung auf der Baustelle.

Der Umfang der in diesem Kapitel aufgeführten Normen und Richtlinien wurde im Zuge der Überarbeitung der Norm deutlich reduziert. Dies geschah vor dem Hintergrund, dass die entsprechenden Produktnormen im Rahmen der Planung ausgewählt und vorgegeben werden müssen. Da nicht davon ausgegangen werden kann, dass ein Planer bereits im Zuge der Komponentenauswahl alle

Inhalte der ATV DIN 18379 einbezieht, wurden im Wesentlichen nur die für die Errichtung der Anlagen relevanten Normen und Richtlinien in der ATV DIN 18379 belassen. Dies gilt auch für die ATVen DIN 18380 und DIN 18381.

2.1 Allgemeines

Sofern es der Verwendungszweck erfordert, müssen Stoffe und Bauteile korrosionsgeschützt sein.

Korrosion beschreibt einen elektrochemischen Vorgang in sog. Korrosionselementen, der von lokalen Unterschieden im Werkstoff, den Schutzschichten und den wasserchemischen Verhältnissen beeinflusst wird. Die Kombination von Bauteilen und Rohren aus unterschiedlichen Werkstoffen kann die Korrosionswahrscheinlichkeit einzelner Komponenten innerhalb einer Installation beeinflussen. Die Auswahl und Kombination der Materialien hat daher so zu erfolgen, dass die Anforderungen hinsichtlich des Korrosionsschutzes erfüllt werden.

Bauteile, bei denen mit Tau- oder Überlaufwasser zu rechnen ist, sind mit Auffangvorrichtungen zur Wasserableitung auszustatten.

Besteht die Gefahr einer Taupunktunterschreitung, beispielsweise in Außenluftkanälen, oder die Möglichkeit des Überlaufens von Befeuchtern o. Ä., ist eine Ableitung dieses Wassers bereits in der Planung vorzusehen. Dessen unbeschadet sind für regelmäßig auftretende Abwässer, zum Beispiel an Kühlregistern oder durch das Abschlämmen von Luftbefeuchtern, ebenfalls entsprechende Ablaufstellen vorzusehen.

Dämmungen oder Umhüllungen von Luftleitungen, Armaturen und Apparaten müssen den Anforderungen des Korrosionsschutzes genügen. Dies kann eine diffusionsdichte Ummantelung, beispielsweise bei Außenluftkanälen, erforderlich machen.

Stoffe und Bauteile im Luftstrom von Raumlufttechnischen Anlagen müssen geruchfrei und – ausgenommen Verschleißteile, z. B. Keilriemen – abriebfest sein. Die Anforderungen nach VDI 6022 Blatt 1 „Raumlufttechnik, Raumluftqualität – Hygieneanforderungen an Raumlufttechnische Anlagen und Geräte (VDI-Lüftungsregeln)[1] sind zu beachten.

1) Autor: VDI-Gesellschaft Bauen und Gebäudetechnik, VDI-Platz 1, 40468 Düsseldorf, www.vdi.de. Zu beziehen durch: Beuth Verlag GmbH, 10772 Berlin, www.beuth.de.

Anforderungen an die hygienische Qualität der Baustoffe einer Raumlufttechnischen Anlage sind in VDI 6022-1 Kapitel 6.3 „Komponenten" umfänglich beschrieben. Mit der Forderung, dass sowohl der Planer als auch der Errichter nach den Inhalten der Kategorie A geschult sein müssen, wird der Einsatz von Komponenten entsprechender Qualität und deren korrekter Einbau unterstützt.

Maschinelle Bauteile und Wärmeübertrager müssen mit Typ- und Leistungsschildern versehen sein. Beschilderungen an Bauteilen, z. B. Schilder, Skalen, Hinweise, müssen in deutscher Sprache und entsprechend dem „Gesetz über die Einheiten im Messwesen und die Zeitbestimmung (Einheiten- und Zeitgesetz – EinhZeitG)" ausgeführt sein.

Für die gebräuchlichsten Stoffe und Bauteile sind die DIN-Normen und weitere Anforderungen nachstehend aufgeführt.

Laut der Europäischen Maschinenrichtlinie (2006/42/EG), welche das Inverkehrbringen von Maschinen in der Europäischen Union regelt, müssen (nach Anhang 1, Abschnitt 1.7.3) auf Maschinen folgende Angaben erkennbar, deutlich lesbar und dauerhaft angebracht sein:

- Firmenname und vollständige Adresse des Herstellers und ggf. des Bevollmächtigten in der Europäischen Gemeinschaft
- Bezeichnung der Maschine
- CE-Kennzeichnung
- Baureihen- oder Typbezeichnung, ggf. Seriennummer
- wichtige technische Daten entsprechend den angewendeten Normen
- Baujahr, in dem der Herstellungsprozess abgeschlossen wurde.

Weiterhin findet man auf Typen- und Leistungsschildern oft zusätzliche Angaben wie Produktions- und Leistungsdaten. Mit dem Typenschild wird das Produkt oder die Maschine eindeutig identifiziert und kann einem Hersteller oder Importeur zugeordnet werden. Alle Produkte und Maschinen, die unter die Maschinenrichtlinie fallen, müssen über eine solche Kennzeichnung verfügen.

Bezüglich der für das Typenschild verwendeten Sprache gibt es keine Anforderung. Die zugehörigen schriftlichen Informationen sowie die Warnhinweise auf der Anlage müssen in der jeweiligen Landessprache verfasst und beigelegt bzw. befestigt sein.

Das Anbringen von selbst erstellten Typen- und Leistungsschildern an einem nicht selbst hergestellten Produkt ist nicht zulässig.

2.2 Ventilatoren

Werden Ventilatoren durch Drehstrommotoren der Bauform B 3 angetrieben, so müssen die Motoren DIN EN 50347 „Drehstromasynchronmotoren für den Allgemeingebrauch mit standardisierten Abmessungen und Leistungen – Baugrößen 56 bis 315 und Flanschgrößen 65 bis 740“ entsprechen.

Mit der Vorgabe, dass Motoren der Bauform B 3 der Norm DIN EN 50347 entsprechen müssen, soll erreicht werden, dass aufgrund der dann baugleichen Ausführung der Halterungen und Befestigungen jeder dieser Motoren hersteller- und fabrikatsunabhängig getauscht werden kann. Weiterhin sind die Befestigungspunkte und -arten bereits zum Zeitpunkt der Ausschreibung bekannt.

2.3 Luftfilter

Luftfilter müssen mit Vorrichtungen zur Überwachung des Beladungsgrades ausgestattet sein.

In der aktuellen Normung wurde DIN EN 779[9] durch DIN EN ISO 16890 „Luftfilter für die allgemeine Raumlufttechnik“ ersetzt. Damit einhergehend folgt die Änderung der Kennzeichnung der Filterklassen. Die Arbeitsgruppe zur Überarbeitung der Richtlinie VDI 3803-4[10] hat folgende Entsprechungen zwischen den Klassen der DIN EN 779 und denen nach DIN EN ISO 16890 veröffentlicht:

- M5 wird ISO ePM 10 ≥ 50 %,
- F7 (mehrstufig) wird ISO ePM 2.5 ≥ 65 % oder
- F7 (einstufig) wird ISO ePM 1 ≥ 50 % und
- F9 wird ISO ePM 1 ≥ 80 %

Zusätzlich gilt, dass die letzte Filterstufe immer mindestens ePM 1 entspricht. Die neue ISO-Norm ist ab 01.07.2018 anzuwenden, bis dahin gelten Übergangsfristen.

Die Ausstattung von Filtern mit Druckdifferenzmessgeräten stellt eine Forderung der VDI 6022-1 Abschnitt 6.3.9.2 dar und ist somit schon bei der Planung vorzusehen. Die Art der Messeinrichtung ist nicht vorgegeben, jedoch muss die Messwertanzeige mindestens vor Ort deutlich ablesbar sein.

9 DIN EN 779 „Partikel-Luftfilter für die allgemeine Raumlufttechnik – Bestimmung der Filterleistung“

10 VDI 3803-4 „Raumlufttechnik, Geräteanforderungen – Luftfiltersysteme“

2.4 RLT-Zentralgeräte

Bauteile von RLT-Zentralgeräten, z. B. Ventilatoren und Luftfilter, müssen den in den Abschnitten 2.1 bis 2.3 beschriebenen Anforderungen entsprechen.

Der Abschnitt 2.4 wurde gegenüber der Ausgabe VOB 2012 deutlich gekürzt. Dies bedeutet jedoch nicht, dass die Anforderungen dort nicht mehr erhoben werden. Vielmehr waren die Beschreibungen der Zentralgeräte in der damaligen Ausgabe im Wesentlichen Produktanforderungen, die bereits im Rahmen der Planung berücksichtigt werden müssen. Der Auftragnehmer ist nunmehr aufgerufen zu prüfen, ob die Anforderungen der VDI 6022-1 eingehalten sind und, sollte dies nicht der Fall sein, nach Abschnitt 3.1.4 Bedenken anzumelden.

Der ehemalige Abschnitt 2.6 „Luftleitungen“ ist vollständig entfallen, auch dort waren nahezu ausschließlich normative Produktanforderungen enthalten, die im Rahmen der Planung vorzugeben sind.

2.5 Mess-, Steuer- und Regeleinrichtungen, Gebäudeautomation

Dieser Abschnitt wurde thematisch unterteilt, ist aber im Wesentlichen inhaltlich unverändert geblieben. Hinweise zur Anbindung an Gebäudeautomationssysteme wurden ergänzt.

2.5.1 Elektrische Messgeräte müssen der Genauigkeitsklasse E-1,5 nach DIN EN 60051-1 „Direkt wirkende anzeigende elektrische Messgeräte und ihr Zubehör – Messgeräte mit Skalenanzeige – Teil 1: Definitionen und allgemeine Anforderungen für alle Teile dieser Norm“ entsprechen.

Für elektrische Messgeräte werden durch die europäische Norm DIN EN 60051-1 sogenannte Genauigkeitsklassen vorgegeben. Hierbei beschreibt die Klasse E-1,5 die Grenze des Grundfehlers für den Messbereichsendwert bzw. die Skalenlänge mit 1,5 %. Dies bedeutet, dass der durch das Messgerät hervorgerufene Messfehler von 1,5 % nicht überschritten werden darf.

2.5.2 Schaltschränke müssen mindestens der Schutzart IP 43 nach DIN EN 60529 (VDE 0470-1) „Schutzarten durch Gehäuse (IP-Code)“ entsprechen.

Elektrische Betriebsmittel (z. B. Betriebsgeräte) müssen nach DIN EN 60529 (VDE 0470-1) hinsichtlich ihrer Beanspruchung durch Fremdkörper und Wasser einer bestimmten Schutzart entsprechen. Die Schutzarten (der Gehäuse) werden in IP-Codes („Ingress Protection“ bzw. „Schutz gegen Eindringen“) unterteilt.

Der IP-Code besteht aus zwei Ziffern. Die Schutzarten beziehen sich auf den Schutz gegen Berührung und das Eindringen von festen Fremdkörpern und Staub (gekennzeichnet durch die erste Kennziffer) sowie gegen schädliches Eindringen von Wasser (gekennzeichnet durch die zweite Kennziffer).

Die schwächste Schutzart ist hierbei IP 00. In diesem Fall ist das elektrische Betriebsmittel weder gegen feste Fremdkörper noch gegen schädliches Eindringen von Wasser geschützt. Dem hingegen bedeutet die Schutzart „IP XX“, dass die Schutzart nicht definiert ist (keinem Test unterzogen). Ist die Schutzart der Komponente nicht angegeben, bedeutet dies, dass das elektrische Betriebsmittel gemäß IP 20 geschützt ist.

Die einzelnen Ziffern und deren Bedeutung sind in den Tabellen 5 und 6 aufgelistet:

Tabelle 5: IP-Code 1. Ziffer „Schutz gegen Fremdkörper und Berührung“

Ziffer 1	Berührung	Fremdkörper
0	Kein Berührungsschutz	kein Schutz gegen feste Fremdkörper
1	Geschützt gegen großflächige Berührungen mit der Hand	Geschützt gegen feste Fremdkörper (größer als 50 mm)
2	Geschützt gegen Berührung mit den Fingern	Geschützt gegen feste Fremdkörper (größer als 12 mm)
3	Geschützt gegen Berührung mit Werkzeugen, Drähten o. ä. mit ∅ > 2,5 mm	Geschützt gegen feste Fremdkörper (größer als 2,5 mm)
4	Geschützt gegen Berührung mit Werkzeugen, Drähten o. ä. mit ∅ > 1 mm	Geschützt gegen feste Fremdkörper (größer als 1 mm)
5	gänzlicher Berührungsschutz	Geschützt gegen Staubablagerungen im Inneren (staubgeschützt)
6	gänzlicher Berührungsschutz	Geschützt gegen Eindringen von Staub (staubdicht)

Tabelle 6: IP-Code 2. Ziffer „Schutz gegen Wasser“

Ziffer 2	Berührung
0	Kein Wasserschutz
1	Schutz gegen senkrecht fallende Wassertropfen
2	Schutz gegen schräg fallende Wassertropfen aus beliebigem Winkel bis zu 15° aus der Senkrechten
3	Schutz gegen schräg fallende Wassertropfen aus beliebigem Winkel bis zu 60° aus der Senkrechten
4	Schutz gegen Spritzwasser aus allen Richtungen
5	Schutz gegen Strahlwasser aus beliebigem Winkel
6	Schutz gegen starkes Strahlwasser (Düse) aus beliebigem Winkel
7	Schutz gegen Wassereindringung bei zeitweisem Eintauchen (30 Minuten)
8	Schutz gegen Wassereindringung bei dauerhaftem Untertauchen
9	Schutz gegen Wassereindringung bei starkem Druck (Hochdruck/ bzw. Dampfstrahlreinigung) aus jeder Richtung

2.5.3 Bei Verwendung von Bauteilen zur Anbindung an die Gebäudeautomation sind die Richtlinien der Reihe VDI 3813 und VDI 3814 „Gebäudeautomation (GA)“ zu beachten.

Die Richtlinienreihen VDI 3813[11] und VDI 3814[12] beschreiben die Planung, Errichtung und den Betrieb von Anlagen der Gebäude- bzw. Raumautomation. Sie enthalten die inzwischen mit ISO 16484 auch in die Internationale Normung übernommenen Funktionslisten.

VDI 3813 gilt für Anwendungen der Raumautomation im Bereich der TGA. Die Richtlinie VDI 3814 gilt hingegen für Einrichtungen, Software und Dienstleistungen zur automatischen Steuerung und Regelung, Überwachung, Optimierung und Bedienung sowie für das Management zum energieeffizienten und sicheren Betrieb der Technischen Gebäudeausrüstung (TGA). Die Gebäudeautomation (GA) ist eine Voraussetzung für ein umfassendes Gebäudemanagement.

11 VDI 3813 „Gebäudeautomation – Raumautomation“

12 VDI 3814 „Gebäudeautomation“

Derzeit werden die Blätter beider Richtlinienreihen überarbeitet. Ziel ist es, die aus 2009 bzw. 2011 stammenden Regelwerke zusammenzuführen und grundsätzlich zu erneuern.

3 Ausführung

Ergänzend zur ATV DIN 18299, Abschnitt 3, gilt:

Das Kapitel 3 beschreibt die Pflichten des Auftragnehmers bezüglich der Ausführung der beauftragten Leistung. Im Grundsatz handelt es sich bei den im Folgenden beschriebenen Leistungen um Nebenleistungen. Bei entsprechender Erwähnung in Kapitel 4.2 handelt es sich bei einzelnen Leistungen jedoch um Besondere Leistungen.

Soll von den Regelleistungen in Kapitel 3 abgewichen werden, ist dieses gesondert im Leistungsverzeichnis zu beschreiben. Sollten im Leistungsverzeichnis keine Hinweise zur Art der Ausführung gegeben werden, sind diese Leistungen nach den Vorgaben des Kapitels 3 zu kalkulieren und auszuführen. Daher ist Kapitel 3 gemeinsam mit dem Leistungsverzeichnis zu lesen. Sind Besondere Leistungen erforderlich und sind diese nicht ausgeschrieben, sollte der Auftraggeber auf diesen Umstand hingewiesen werden.

Die Angaben nach Kapitel 0 sind neben der Kenntnis der Nebenleistungen Grundlage für die Inhalte der Leistungsbeschreibung. Fehlende oder fehlerhafte Angaben in Kapitel 0 können dazu führen, dass vor der Ausführung Bedenken angemeldet werden sollten bzw. im Zuge der Ausführung Nachforderungen gestellt werden müssen.

3.1 Allgemeines

3.1.1 Die Bauteile von Raumlufttechnischen Anlagen sind so aufeinander abzustimmen, dass die geforderte Leistung erbracht, die Betriebssicherheit gegeben und ein sparsamer und wirtschaftlicher Betrieb möglich ist und Korrosionsvorgänge weitgehend eingeschränkt werden.

Der von Raumlufttechnischen Anlagen erzeugte und übertragene Luft- und Körperschall darf die zulässigen oder vereinbarten Werte nicht überschreiten.

Entsprechend Absatz eins dieses Abschnittes ist der Auftragnehmer mitverantwortlich für das korrekte Zusammenspiel der einzelnen Komponenten und deren sparsamen und wirtschaftlichen Betrieb. Dies bedeutet im Umkehrschluss jedoch nicht, dass der Auftragnehmer Leistungen zu erbringen hat, die nicht ausgeschrieben oder in Kapitel 3 als Nebenleistungen benannt sind.

Sind für die Erbringung derartiger Leistungen auch Planungsleistungen erforderlich, sind diese durch den Auftraggeber zu erbringen. Eine Beauftragung der Planungsleistungen an den Auftragnehmer ist möglich, jedoch nicht Bestandteil der Vorgaben nach VOB.

Ein wirtschaftlicher und sparsamer Betrieb der Anlagen ist nur durch das Zusammenwirken von Planung und Ausführung möglich. Die Auswahl der Komponenten, deren fachlich korrekte Installation und das Einregulieren der Anlagen anhand der im Rahmen der Planung ermittelten Werte sind dafür die Grundlage. Fehlen benötigte Vorgaben aus der Planung, sollte der Auftragnehmer rechtzeitig Bedenken anmelden. Siehe hierzu auch Abschnitt 3.1.4.

3.1.2 Der Auftragnehmer hat dem Auftraggeber vor Beginn der Montagearbeiten alle Angaben zu machen, die für den ungehinderten Einbau und ordnungsgemäßen Betrieb der Anlage notwendig sind. Der Auftragnehmer hat nach den Planungsunterlagen und Berechnungen des Auftraggebers die für die Ausführung erforderliche Montage- und Werkstattplanung zu erbringen und, soweit erforderlich, mit dem Auftraggeber abzustimmen.

Dazu gehören insbesondere:

- Montagepläne,
- Werkstattzeichnungen,
- Stromlaufpläne,
- Fundamentpläne.

Der Auftragnehmer hat dem Auftraggeber rechtzeitig die Angaben über die

- Massen der Einbauteile,
- Stromaufnahme und gegebenenfalls den Anlaufstrom der elektrischen Bauteile und
- sonstigen Erfordernisse für den Einbau

zu machen.

Der erste Teil dieses Abschnitts beschreibt die zu einem umfänglichen Informationsaustausch zwischen Auftragnehmer und Auftraggeber vor und während der Ausführung notwendigen Unterlagen. Die genauen Inhalte der Dokumente in den jeweiligen Planungs- und Ausführungsphasen sind in der Richtlinie VDI 6026 Blatt 1[13], deren Weißdruck bereits seit Mai 2005 verfügbar ist, vorgegeben.

13 VDI 6026-1 „Dokumentation in der Technischen Gebäudeausrüstung – Inhalte und Beschaffenheit von Planungs-, Ausführungs- und Revisionsunterlagen“

Der Auftraggeber muss vor Beginn der Montage alle notwendigen Angaben machen, die der Auftragnehmer zur Erfüllung seiner Verpflichtungen benötigt. Dazu gehören zum Beispiel die Mitteilungen, zu welchem Zeitpunkt die Installationsarbeiten beginnen können bzw. unterbrochen werden müssen. Ebenso gehören auch Termininformationen zu den Leistungen beteiligter Gewerke dazu. Für das Erstellen der Montage- und Werkstattzeichnungen müssen rechtzeitig vor Beginn der Montagearbeiten insbesondere alle notwendigen Pläne und Berechnungen, beispielsweise auch die Ausführungspläne, übergeben werden. Sie sollen den Auftragnehmer in die Lage versetzen, seine vertraglichen Leistungen ordnungsgemäß erbringen zu können und bilden die Grundlage der Montage- und Werkpläne. Daher ist es erforderlich, dass sie auf den Stand der Ausschreibungsergebnisse fortgeschrieben sowie vollständig sind.

Aufgabe des Auftragnehmers ist es, Montagepläne und Werkstattzeichnungen, soweit sie für die Ausführung notwendig sind, zu erstellen und abzustimmen. Zu dieser Abstimmung gehören auch Stromlaufpläne und Fundamentpläne, ebenso die Stromaufnahme oder die Massenangaben zu den Bauteilen. Dies ermöglicht dem Auftraggeber, die Arbeiten mit dritten Gewerken zu koordinieren und die anstehenden Tätigkeiten des Auftragnehmers zu überprüfen.

Anhand der Montagepläne soll der Auftragnehmer seine Mitarbeiter vor Ort in die Lage versetzen, die Montageleistung ordnungsgemäß durchzuführen. Für die Montagepläne werden die Ausführungspläne um die zur Montage erforderlichen Angaben ergänzt. Das kann in einfachen Fällen eine Übernahme der Ausführungspläne bedeuten. Je nach Schwierigkeitsgrad kann eine Detaillierung der Ausführungspläne, eine Kennzeichnung der Befestigungspunkte oder im Einzelfall auch eine ergänzende Ansicht erforderlich sein.

Werkstattzeichnungen werden bei vom Auftragnehmer selbst gefertigten Bauteilen benötigt. Diese dient der Vorfertigung von Bauteilen außerhalb der Baustelle.

Die Mitwirkung bei der Erstellung von Stromlaufplänen ist vor allem für die Zusammenarbeit mit anderen Gewerken notwendig. In den meisten Fällen dürften Klemmenpläne ausreichen, die ggf. direkt aus den Herstellerunterlagen übernommen werden können. Gleiches gilt bei einfachen Regelungen und Verdrahtungen, wie sie zum Beispiel bei betriebsfertigen Lüftungsgeräten werksseitig eingebaut sind. Außerdem sind bei Bedarf zu benennen:

- Art der Stromversorgung,
- Spannung,
- Anlaufstrom,
- Stromaufnahme im Regelbetrieb,

- Ort und Dimensionierung der Anschlussklemmen oder
- Anzahl und Beschaffenheit der Datenpunkte einschl. Lage.

Fundamentpläne werden für die örtliche Fertigung von Fundamentsockeln benötigt. Die bautechnische Ausführung, die Planung und das Liefern der Fundamentpläne sind nicht Bestandteil der Leistung des Auftragnehmers. Hier muss der Auftragnehmer im Rahmen seiner Abstimmung zum Beispiel Maße, Massen, Lasteinleitpunkte und Anforderungen an den Schall- und Schwingungsschutz liefern.

Zu den für die Ausführung nötigen, vom Auftraggeber zu übergebenden Unterlagen (siehe § 3 Abs. 1 VOB/B) gehören insbesondere:
- Ausführungspläne als Grundrisse, Funktions- und Strangschemata sowie Schnitte mit Dimensionsangaben,
- Anlagenkonzeption mit Regelschemata,
- Schlitz- und Durchbruchpläne,
- Berechnungen für Heiz- und Kühllast mit jeweils zugehörigen Luftleitungs- und Ventilatorauslegungen, der energetische Nachweis und die wesentlichen energiebezogenen Merkmale, die der Anlagenaufwandszahl zugrunde liegen,
- Leistungsdaten der Wärmeübertrager,
- Angaben zum Schall-, Wärme- und Brandschutz.

Im zweiten Teil des Abschnitts werden die vom Auftraggeber bereitzustellenden Unterlagen benannt. Hierzu gehört auch der energetische Nachweis nach EnEV, der die Grundlage für den nach Fertigstellung aller Arbeiten zu erstellenden Energieausweis für das Gebäude bildet. Das Erstellen des Energieausweises erfolgt in der Regel durch den Planer, der auch den energetischen Nachweis ausgestellt hat. Sollte der Energieausweis durch den Auftragnehmer erstellt werden, ist dies eine Besondere Leistung und muss im Leistungsverzeichnis beschrieben werden. Der Aufwand hierfür kann erheblich sein, da der Auftragnehmer häufig nicht über die Software verfügt, mit der auch der energetische Nachweis erstellt wurde und die Dateneingabe vollständig neu erfolgen muss.

Die Inhalte der genannten Unterlagen werden in VDI 6026 ausführlich beschrieben. Von besonderer Bedeutung sind hier die auf den aktuellen Stand fortgeschriebenen Ausführungspläne, weshalb sie an erster Stelle genannt sind. Die Auflistung ist nicht abschließend und kann je nach der Komplexität des Bauvorhabens deutlich umfangreicher sein.

Anlagenkonzepte und Regelschemata dienen, ebenso wie die Berechnungen, auch dem Verständnis der Anlage und somit einer planungsgerechten Ausführung. Außerdem sind sie zur Beurteilung des Systems und dessen Bewertung durch den Auftragnehmer erforderlich.

Sollten einzelne Unterlagen nicht übergeben werden, ist eine umfassende Systembewertung nur eingeschränkt möglich.

3.1.3 Der Auftragnehmer hat bei der Prüfung der vom Auftraggeber gelieferten Planungsunterlagen und Berechnungen (siehe § 3 Abs. 3 VOB/B) u. a. hinsichtlich der Beschaffenheit und Funktion der Anlage insbesondere zu achten auf:

- die Heizlast,
- die Kühllast,
- den Luftvolumenstrom,
- die Luftleitungsberechnung,
- die Lufttemperaturen,
- die Luftfeuchten,
- die Mess-, Steuer- und Regeleinrichtungen,
- die Öffnungen für technische und hygienische Arbeiten im Luftleitungsnetz,
- den Schallschutz,
- den Wärmeschutz,
- den Brandschutz,
- die Luftdichtheit der Gebäudehülle.

In diesem Abschnitt werden Hinweise zur Prüfpflicht des Auftragnehmers gegeben. Dabei wird Bezug zu § 3 Abs. 3 VOB/B genommen. Dort wiederum ist konkretisiert, dass es Aufgabe des Auftragnehmers ist, die Unterlagen auf etwaige Unstimmigkeiten zu überprüfen und den Auftraggeber auf entdeckte oder vermutete Mängel hinzuweisen. Es ist nicht Aufgabe des Auftragnehmers, die Planung vollumfänglich zu prüfen und die Berechnungen erneut durchzuführen. Vielmehr handelt es sich um eine Plausibilitätskontrolle, bei der die wesentlichen Planungsgrößen, beispielsweise anhand von Kennzahlen, zu überprüfen sind. Auch um dieser Prüfpflicht nachkommen zu können, benötigt der Auftragnehmer die unter Abschnitt 3.1.2 aufgelisteten Unterlagen.

Eine pauschale Auflistung dazu, welche Mängel der Auftragnehmer erkennen muss, kann nicht gegeben werden. Dies ist vielmehr vom Einzelfall abhängig. Die Verwendung eines fehlerhaften u-Wertes, die nur zu einem geringen Fehler bei der Heizlastermittlung führt, kann der Auftragnehmer nicht entdecken, obwohl dies zum Beispiel für die Jahresarbeitszahl einer Wärmepumpe erhebliche Folgen haben kann.

Oftmals liegt zwischen der Planung und der Abnahme der Anlagen eine erhebliche Zeitspanne. Daher ist es möglich, dass sich die normativen Grundlagen für die Planung und das Errichten des Systems verändert haben. Nach § 13 (1) VOB/B hat der Auftragnehmer eine Leistung, die zum Zeitpunkt der Abnahme frei von Sachmängeln ist, vorzustellen. Dieses ist der Fall, wenn die Anlage die vereinbarte Beschaffenheit hat und den anerkannten Regeln der Technik entspricht. Es ist also notwendig, die Planung auch auf die zu Grunde liegenden Normen und Richtlinien hin zu prüfen. Werden Abweichungen erkannt, ist der Auftraggeber entsprechend zu informieren. Das möglicherweise erforderliche Umbauen oder Nachrüsten von Anlagen ist dann, nach der entsprechenden Anpassung der Planung durch den Auftraggeber, eine Besondere Leistung.

3.1.4 Als Bedenken nach § 4 Abs. 3 VOB/B können insbesondere in Betracht kommen:

- Unstimmigkeiten in den vom Auftraggeber gelieferten Planungsunterlagen und Berechnungen (siehe § 3 Abs. 3 VOB/B),
- erkennbar mangelhafte Ausführung, nicht rechtzeitige Fertigstellung oder das Fehlen von Fundamenten, Schlitzen und Durchbrüchen,
- ungenügende Maßnahmen für den Schall-, Wärme- und Brandschutz,
- ungeeignete Bauart der Abgasanlagen und ungeeigneter Querschnitt der Abgasleitungen sowie der luftführenden und Installationsschächte,
- unzureichende Anschlussleistung für Energieträger,
- nicht ausreichender Platz für die Bauteile,
- fehlende Bezugspunkte,
- ungeeignete Bedingungen, die sich aus der Witterung oder dem Raumklima ergeben (siehe Abschnitt 3.1.5),
- dem Auftragnehmer bekannt gewordene Änderungen von Voraussetzungen, die der Planung zugrunde gelegen haben.

Der einleitende Satz zu diesem Abschnitt wurde als Standardtext für alle ATVen durch den HAH vorgegeben. Dabei wurde auf den Begriff „Prüfung“ verzichtet, da in der Vergangenheit vereinzelt auch Analysen oder sonstige Leistungen aus diesem Begriff abgeleitet wurden, was jedoch ohne eine besondere Beauftragung nicht zutreffend ist.

Dieser auch als „Bedenkenkatalog“ bezeichnete Abschnitt erweitert und konkretisiert den Abschnitt 3.1.3. Bei den beispielhaft aufgeführten Punkten, die zur Anmeldung von Bedenken führen können, handelt es sich um Fehlerquellen, die in der Praxis bereits vorgekommen sind. Hierbei wird der Bogen von der reinen Planung bis zur tatsächlichen Ausführung gespannt. Ausdrücklich einbezogen sind Vorarbeiten anderer Gewerke, die zu Bedenken führen können, wenn sie „erkennbar mangelhaft ausgeführt“ sind. Sind diese mangelhaft, was im Einzelfall schon durch eine Abweichung von der zugrunde liegenden Planung gegeben sein kann, müssen Bedenken angemeldet werden.

Das Anmelden von Bedenken dient dazu, Mängel oder Schäden frühzeitig und damit kostengünstig zu vermeiden. Die Schriftform ist dringend angeraten, um bei eventuellen Meinungsverschiedenheiten den tatsächlichen Hergang nachweisen zu können.

Bedenken sollten immer dann angemeldet werden, wenn die eigenen Leistungen nicht rechtzeitig, nicht mangelfrei oder nicht zu den ausgeschriebenen Konditionen ausgeführt werden können. Gleiches gilt, wenn die Ziele nach Abschnitt 3.1.1 erkennbar nicht erreicht werden können.

Grundsätzlich sollten alle Bedenken unverzüglich und schriftlich angemeldet und dokumentiert werden. Die Beantwortung der Bedenken sollte ebenfalls schriftlich erfolgen siehe hierzu auch § 4 VOB/B. Dies gilt umso mehr, als dass es dem Auftraggeber natürlich freigestellt ist, trotz des erkannten Mangels in der Planung weiterhin wie vorgesehen ausführen zu lassen und entsprechend mögliche Folgeschäden zu riskieren. Die schriftliche Dokumentation dieses Vorgangs kann im Streitfall erheblich zur Klärung beitragen.

Die Liste der zu überprüfenden Punkten ist keinesfalls abschließend. Gleichzeitig sind die Ziele aus Abschnitt 3.1.1 zu beachten. Wenn aus der Planung erkennbar ist, dass diese Ziele nicht erreichbar sind, sollte dies ebenfalls zur Anmeldung von Bedenken führen.

Es ist zu beachten, dass der reine Hinweis auf Mängel nicht vor einem Mitverschulden an eventuellen Schäden Dritter befreit. Wenn der Auftragnehmer zum Beispiel sicherheitsrelevante Mängel erkennt, die zu Personenschäden führen können, und der Auftraggeber möchte dies trotzdem in der vorgegebenen Weise ausführen lassen, sollte der Auftragnehmer prüfen, die Ausführung zu verweigern. Auch hier ist eine schriftliche Dokumentation dringend angeraten.

Analog dazu müssen Behinderungen angezeigt und dokumentiert werden. Behinderungen können beispielsweise durch einen zeitlichen Verzug im Bauablauf entstehen oder durch den Zustand der Baustelle, der ggf. einer auch nach

Tabelle 7: DIN EN 1996-1-1:2012-05, Tabelle NA.19

<table>
<tr><th>1</th><th>2</th><th>3</th><th>4</th><th>5</th><th>6</th><th>7</th></tr>
<tr><th></th><th colspan="2">Nachträglich hergestellte Schlitze und Aussparungen[c]</th><th colspan="4">Mit der Errichtung des Mauerwerks hergestellte Schlitze und Aussparungen im gemauerten Verband</th></tr>
<tr><th rowspan="2">Wanddicke
mm</th><th>maximale Tiefe[a] $t_{ch,v}$</th><th>maximale Breite[b] (Einzel-schlitz)</th><th>Verblei-bende Mindest wanddicke</th><th>maximale Breite[b]</th><th colspan="2">Mindestabstand der Schlitze und Aussparungen</th></tr>
<tr><th>mm</th><th>mm</th><th>mm</th><th>mm</th><th>von Öffnungen</th><th>unter-einander</th></tr>
<tr><td>115 bis 149</td><td>10</td><td>100</td><td>---</td><td>---</td><td rowspan="7">≥ 2fache Schlitz-breite bzw. ≥ 240 mm</td><td rowspan="7">≥ Schlitz-breite</td></tr>
<tr><td>150 bis 174</td><td>20</td><td>100</td><td>---</td><td>---</td></tr>
<tr><td>175 bis 199</td><td>30</td><td>100</td><td>115</td><td>260</td></tr>
<tr><td>200 bis 239</td><td>30</td><td>125</td><td>115</td><td>300</td></tr>
<tr><td>240 bis 299</td><td>30</td><td>150</td><td>115</td><td>385</td></tr>
<tr><td>300 bis 364</td><td>30</td><td>200</td><td>175</td><td>385</td></tr>
<tr><td>≥ 365</td><td>30</td><td>200</td><td>240</td><td>385</td></tr>
</table>

a Schlitze, die bis maximal 1 m über den Fußboden reichen, dürfen bei Wanddicken ≥ 240 mm bis 80 mm Tiefe und 120 mm Breite ausgeführt werden.

b Die Gesamtbreite von Schlitzen nach Spalte 3 und Spalte 5 darf je 2 m Wandlänge die Maße in Spalte 5 nicht überschreiten. Bei geringeren Wandlängen als 2 m sind die Werte in Spalte 5 proportional zur Wandlänge zu verringern.

c Abstand der Schlitze und Aussparungen von Öfnungen ≥ 115 mm.

Tabelle 8: DIN EN 1996-1-1:2012-05, Tabelle NA.20

Wanddicke mm	Maximale Schlitztiefe $t_{Ch,h}$ [a] mm	
	Unbeschränkte Länge	Länge ≤ 1 250 mm[b]
115–149	–	–
150–174	–	0[c]
175–239	0[c]	25
240–299	15[c]	25
300–364	20[c]	30
über 365	20[c]	30

a Horizontale und schräge Schlitze sind nur zulässig in einem Bereich ≤ 0,4 m ober- oder unterhalb der Rohdecke sowie jeweils an einer Wandseite. Sie sind nicht zulässig bei Langlochziegeln.

b Mindestabstand in Längsrichtung von Öffnungen ≥ 490 mm, vom nächsten Horizontalschlitz zweifache Schlitzlänge.

c Die Tiefe darf um 10 mm erhöht werden, wenn Werkzeuge verwendet werden, mit denen die Tiefe genau eingehalten werden kann. Bei Verwendung solcher Werkzeuge dürfen auch in Wänden ≥ 240 mm gegenüberliegende Schlitze mit jeweils 10 mm Tiefe ausgeführt werden.

Da auch die Anordnung der Schlitze wesentliche Auswirkungen auf das statische System der Bauteile haben kann, sind Stemm-, Fräs- und Bohrarbeiten vor Beginn der Arbeiten mit dem Auftraggeber abzustimmen. Dieser wird damit in die Lage versetzt, die statischen Nachweise für die Stemm-, Fräs- und Bohrarbeiten am Bauwerk zu erbringen und deren Ausführung freizugeben.

Zusätzlich können die „Praxistipps für die Ausführung von Mauerwerk“[14], herausgegeben vom Zentralverband des Deutschen Baugewerbes, Berlin, herangezogen werden.

14 „Praxistipps für die Ausführung von Mauerwerk“, September 2013, ZDB, Kronenstr. 55–57, 10117 Berlin

3.1.9 Müssen auftretende Reaktionskräfte in das Bauwerk abgeleitet werden, sind die Kräfte vom Auftragnehmer zu ermitteln und dem Auftraggeber vor Ausführung der Leistung bekannt zu geben.

Mit dem Begriff Reaktionskräfte werden die sich beispielsweise aus temperaturbedingten Längenänderungen von warm- oder kaltgehenden Leitungen ergebenden Kräfte beschrieben. Diese sind bereits in der Planungsphase zu ermitteln und im Rahmen der Ausführung vom Auftragnehmer entsprechend den tatsächlich durchzuführenden Installationsarbeiten zu prüfen und dem Auftraggeber mitzuteilen. Bei Luftleitungen spielen diese Kräfte, anders als bei Los- und Festpunktkonstruktionen für Rohrleitungen, aufgrund der geringeren Temperaturdifferenzen eine untergeordnete Rolle. Sie werden in der Regel durch die Halterungen aufgenommen oder durch die Verwendung von Segeltuchstutzen kompensiert, sodass keine Reaktionskräfte an das Mauerwerk übertragen werden.

Der statische Nachweis für das die Kräfte aufnehmende Bauteil, beispielsweise Wand oder Decke, erfolgt durch den Auftraggeber. Um diesem die Möglichkeit zu geben, den entsprechenden statischen Nachweis zu führen, muss die Bekanntgabe vor Ausführung erfolgen.

3.2 Anforderungen

3.2.1 Allgemeines

3.2.1.1 Für die Ausführung von Raumlufttechnischen Anlagen gelten:

DIN 1946-4	Raumlufttechnik – Teil 4: Raumlufttechnische Anlagen in Gebäuden und Räumen des Gesundheitswesens
DIN 1946-6	Raumlufttechnik – Teil 6: Lüftung von Wohnungen – Allgemeine Anforderungen, Anforderungen zur Bemessung, Ausführung und Kennzeichnung, Übergabe/Übernahme (Abnahme) und Instandhaltung
DIN 1946-7	Raumlufttechnik – Teil 7: Raumlufttechnische Anlagen in Laboratorien
DIN 180173	Lüftung von Bädern und Toilettenräumen ohne Außenfenster – Teil 3: Lüftung mit Ventilatoren
DIN EN 12792	Lüftung von Gebäuden – Symbole, Terminologie und graphische Symbole

DIN EN 13779	Lüftung von Nichtwohngebäuden – Allgemeine Grundlagen und Anforderungen für Lüftungs- und Klimaanlagen und Raumkühlsysteme
VDI 2052	Raumlufttechnische Anlagen für Küchen
VDI 2053 Blatt 1	Raumlufttechnik – Garagen – Entlüftung (VDI-Lüftungsregeln)
VDI 2078	Berechnung der Berechnung der thermischen Lasten und Raumtemperaturen (Auslegung Kühllast und Jahressimulation)
VDI 2081 Blatt 1	Geräuscherzeugung und Lärmminderung in Raumlufttechnischen Anlagen
VDI 2082	Raumlufttechnik – Verkaufsstätten (VDI-Lüftungsregeln)
VDI 2083 Blatt 1	Reinraumtechnik – Partikelreinheitsklassen der Luft
VDI 2083 Blatt 4.1	Reinraumtechnik – Planung, Bau und Erst-Inbetriebnahme von Reinräumen
VDI 2083 Blatt 5.1	Reinraumtechnik – Betrieb von Reinräumen
VDI 2087	Luftleitungssysteme – Bemessungsgrundlagen
VDI 3803 Blatt 1	Raumlufttechnik – Zentrale Raumlufttechnische Anlagen – Bauliche und technische Anforderungen (VDI-Lüftungsregeln)
VDI 3803 Blatt 5	Raumlufttechnik, Geräteanforderungen – Wärmerückgewinnungssysteme (VDI-Lüftungsregeln)
VDI 6022 Blatt 1	Raumlufttechnik, Raumluftqualität – Hygieneanforderungen an Raumlufttechnische Anlagen und Geräte (VDI-Lüftungsregeln)

Dieser Abschnitt wurde mit der Benennung von nun 18 Normen und Richtlinien deutlich verkürzt. In der Version VOB 2012 waren noch 32 Normen und Richtlinien benannt, teilweise wurden ganze Normen- oder Richtlinienreihen bezogen. Bei der Auswahl der Regelwerke wurde besonderer Wert auf die für eine Ausführung wichtigen Dokumente gelegt. Alle Regeln der Technik, die ausschließlich Komponenten beschreiben oder vorrangig im Rahmen der Planung heranzuziehen sind und keinen direkten Bezug zur Ausführung aufweisen, wurden gegenüber der Vorgängerversion nicht mehr aufgenommen. Darunter fallen auch die für das Erstellen der Energieausweise nach EnEV[15] anzuwen-

15 EnEV „Energieeinsparverordnung“

dende Normenreihe DIN V 18599[16], die Reihe DIN EN 12831[17] oder die Blätter zwei bis sechs der VDI 6022. Mit der umfangreichen Auflistung von das Gewerk Raumlufttechnik betreffende Normen sollten dem Planer Hinweise zu den geltenden Regeln der Technik gegeben werden, was jedoch nicht Aufgabe der VOB/C sein kann.

Zu beachten ist, dass DIN EN 13779 in absehbarer Zeit durch DIN EN 16798-3 und den erläuternden DIN TR 16798-4[18] ersetzt wird.

3.2.1.2 **Das Eindringen von Wassertropfen in nicht dafür vorgesehene Anlagenteile ist soweit wie möglich zu verhindern. Der nachfolgende Anlagenabschnitt ist erforderlichenfalls zu entwässern. Kondensat ist abzuleiten.**

Die Forderung, dass die Anlagen in Bereichen, die nicht für einen feuchten Betrieb vorgesehen und ausgerüstet sind, trocken gehalten werden müssen, begründet sich in den Hygienebestimmungen nach VDI 6022-1. Das Umsetzen der Anforderung muss bereits Bestandteil der Anlagenplanung sein. Grundsätzliche Überlegungen bezüglich des Anlagenkonzeptes zum Zeitpunkt der Montage sind nicht zielführend, ggf. wären gegen die Art der Ausführung Bedenken anzumelden. Werden in einzelnen Kammern eines Zentral-Lüftungsgerätes Kondensatableitungen benötigt, muss dies bei der Produktion der Geräte bereits berücksichtigt sein.

Auch bei sachgerechter Planung und Ausführung kann Wasser, beispielsweise in Form von Schlagregen oder Flugschnee, in den Außenluftbereich der Anlage eindringen. Daher ist dieser Bereich mit geeigneten Ablaufstellen auszustatten. Fehlen diese Einrichtungen, sollten Bedenken angemeldet werden. Auf eine korrekte Ausführung der Ablaufstellen muss der Auftragnehmer achten. Deren Anschluss an das Abwasserleitungsnetz muss den Hygieneaspekten nach VDI 6022-1 genügen und darf nur in indirekter Bauart erfolgen.

16 DIN V 18599 „Energetische Bewertung von Gebäuden – Berechnung des Nutz-, End- und Primärenergiebedarfs für Heizung, Kühlung, Lüftung, Trinkwarmwasser und Beleuchtung“

17 DIN EN 12831 „Heizungsanlagen in Gebäuden – Verfahren zur Berechnung der Norm-Heizlast“

18 DIN TR 16798-4 „Energieeffizienz von Gebäuden – Lüftung von Nichtwohngebäuden. Anforderungen an die Leistung von Lüftungs- und Klimaanlagen und Raumkühlsystemen. Technischer Bericht. Interpretation der Anforderungen der EN 16798-3“

3.2.2 Ventilatoren

Bestehen Ventilatorteile aus splitterfähigen Stoffen, ist ein am Gerät angebrachter, ausreichender Splitterschutz vorzusehen.

Bei Raumlufttechnischen Anlagen in Industriebetrieben oder für bestimmte Labore können aggressive oder korrosive Luftbestandteile auftreten. Daher können für diese Bereiche splitterfähige, jedoch gegen die Umgebungsbedingungen widerstandsfähige Materialien zum Einsatz kommen. Geeignete Maßnahme zum Schutz von Personen vor einem möglichen Umherfliegen von Splittern im Falle einer Havarie ist beispielsweise die Anordnung der drehenden Teile, in einem geschlossenen Gehäuse, welche den auftretenden Kräften standhält. Auch der Einsatz anderer geeigneter Fangschutzvorrichtungen ist möglich.

3.2.3 Lufterwärmer, Luftkühler, Warmlufterzeuger

3.2.3.1 Lufterwärmer und Luftkühler sind so einzubauen, dass eine einfache vollständige Entleerung und Entlüftung möglich ist.

Wasserführende Bauteile einer RLT-Anlage wie z.B. Wärmeübertrager müssen bereits im Zuge der Planung so angeordnet werden, dass deren vollständige Entleerung möglich ist. Andernfalls könnten bei einem nur teilentleerten Bauteil Korrosionsprozesse einsetzen oder dieses bei niedrigen Temperaturen einfrieren. Sollte eine Entlüftung nicht vollständig möglich sein, käme es durch den verbleibenden Luftanteil zu einer Minderleistung des Wärmeübertragers. Müssen Wärmeübertrager zu Reinigungszwecken ausgebaut werden können, ist ein einfaches Entleeren von besonderer Bedeutung, da andernfalls der Reinigungsaufwand deutlich erhöht würde. Zum Zwecke der Entleerung sollte eine geeignete Ablaufstelle in erreichbarer Nähe vorgesehen sein.

Im Zuge der Montagearbeiten ist darauf zu achten, dass ein ordnungsgemäßer Betrieb erfolgen kann und die Wartung der Anlagen nicht unnötig erschwert wird.

3.2.3.2 Luftkühler sind so einzubauen, dass eine einwandfreie Kondensatableitung möglich ist.

An den Wärmeübertragern zur Kühlung der Außenluft kommt es regelmäßig zu Taupunktunterschreitungen und damit zur Kondensatbildung. Dieses Kondensat darf aus hygienischen Gründen nicht im Gerät verbleiben oder in dafür nicht vorgesehene Anlagenbereiche verschleppt werden. Die Gerätekonstruktion muss daher eine ausreichend dimensionierte Auffangwanne sowie ggf. einen Tropfenabscheider in Luftrichtung nach dem Kühler vorsehen. Genauere Hinweise zu Art und Beschaffenheit werden in VDI 6022-1 gegeben. Zu beachten ist, dass ein direkter Anschluss an das Abwassersystem nicht zulässig ist.

Eine Verlegung und der Anschluss der Ablaufleitungen mit geeignetem Siphon gehören nicht in den Leistungsbereich dieser ATV, sondern fallen vielmehr in den Geltungsbereich der DIN 18381 „Gas-, Wasser- und Entwässerungsanlagen innerhalb von Gebäuden". Daher ist eine Ausführung dieser Leistung durch den Auftragnehmer nach ATV DIN 18379 im Leistungsverzeichnis gesondert zu beschreiben.

3.2.3.3 Elektro-Lufterwärmer sind mit Strömungs- und Übertemperatursicherungen auszurüsten.

Elektro-Lufterhitzer können sich bei unsachgemäßem Betrieb schnell übermäßig erwärmen und somit eine Brandgefahr darstellen. Wird beispielsweise durch einen Defekt der Anlage ein ungenügender Luftvolumenstrom durch den Erhitzer geführt, muss dieser bei Übertemperaturen in der Leistung reduziert oder gänzlich abgeschaltet werden. Dazu sind eine Überwachung der Durchströmung des Wärmeübertragers und eine Übertemperatursicherung erforderlich, welche im Rahmen der Ausschreibung bereits vorzusehen sind. Fehlen diese, sollten Bedenken gegen die gewählte Ausführung angemeldet werden.

3.2.4 Luftfilter

Luftfilter sind so einzubauen, dass auch im eingebauten Zustand die Güteklassen nach DIN EN 1822-1 „Schwebstofffilter (EPA, HEPA und ULPA) – Teil 1: Klassifikation, Leistungsprüfung, Kennzeichnung" und DIN EN 779 „Partikel-Luftfilter für die allgemeine Raumlufttechnik – Bestimmung der Filterleistung" eingehalten werden.

Mit der Herausgabe des Weißdruckes der Normenreihe DIN EN 16890 wird die hier noch genannte Norm DIN EN 779 nach einer Übergangsfrist bis Mitte 2018 zurückgezogen, siehe auch Punkt 2.3. Die Güteklassen werden entsprechend angepasst. Nach den Empfehlungen der Arbeitsgruppe zu VDI 3803 Blatt 4 gelten dann die folgenden Entsprechungen:

M5	wird	ISO ePM 10 ≥ 50 %,
F7	(mehrstufig) wird	ISO ePM 2.5 ≥ 65 % oder
F7	(einstufig) wird	ISO ePM 1 ≥ 50 % und
F9	wird	ISO ePM 1 ≥ 80 %

Grundsätzlich sollten bei der Montage die Vorgaben der Hersteller des Lüftungsgerätes und des Lieferanten des Filtermaterials beachtet werden. Kommt es bei der Montage von Luftfilterelementen zu Beschädigungen am Filterrahmen, dem Filtermaterial oder der umlaufenden Dichtung, die die Funktion des Elementes beeinflussen, sind diese Elemente nicht weiter verwendbar.

3.2.5 Luftbefeuchtungseinrichtungen

3.2.5.1 Luftbefeuchtungseinrichtungen mit Wasser- oder Dampfanschluss sind mit den dafür notwendigen Absperr- und Reguliereinrichtungen zu versehen. Sie müssen leicht zu reinigen sein.

Für Wartungs- und Reinigungsarbeiten sind Absperreinrichtungen unabdingbar, Regeleinrichtungen sorgen für eine dem jeweiligen Betriebszustand angemessene Wasser- oder Dampfversorgung. Bei unsachgemäßem Betrieb können durch Luftbefeuchtungseinrichtungen Hygieneprobleme hervorgerufen werden, weshalb ein besonderer Wert auf deren korrekte Planung und die Installation zu legen ist. Nähere Hinweise zur Art der Ausführung, zu deren Anordnung und zu Kontrollen während des Betriebes werden in VDI 6022-1 gegeben.

3.2.5.2 Luftbefeuchtungseinrichtungen mit Wasseranschluss sind so einzubauen, dass sie an das Wasserversorgungsnetz unter Beachtung von DIN EN 1717 „Schutz des Trinkwassers vor Verunreinigungen in Trinkwasser-Installationen und allgemeine Anforderungen an Sicherungseinrichtungen zur Verhütung von Trinkwasserverunreinigungen durch Rückfließen" in Verbindung mit DIN 1988-100 „Technische Regeln für Trinkwasser-Installationen – Teil 100: Schutz des Trinkwassers, Erhaltung der Trinkwassergüte; Technische Regel des DVGW" und, wenn erforderlich, auch an das Abwassernetz unter Beachtung der DIN EN 12056 (alle Teile) „Schwerkraftentwässerungsanlagen innerhalb von Gebäuden" und DIN 1986-100 „Entwässerungsanlagen für Gebäude und Grundstücke – Teil 100: Bestimmungen in Verbindung mit DIN EN 752 und DIN EN 12056" angeschlossen werden können.

Für den Anschluss von Geräten an das Trinkwassernetz sind die Vorgaben der DIN EN 1717[19] zu beachten. Ein direkter Anschluss von Befeuchtungseinrichtungen für Raumlufttechnische Anlagen ist in der Regel nicht zulässig.

19 DIN EN 1717 „Schutz des Trinkwassers vor Verunreinigungen in Trinkwasser-Installationen und allgemeine Anforderungen an Sicherungseinrichtungen zur Verhütung von Trinkwasserverunreinigungen durch Rückfließen"

Gehört die elektrische Verkabelung oder die Steuer- und Regeltechnik nicht zu den vertraglichen Leistungen, so ist das Abstellen einer Fachkraft während der Prüfung oder der Inbetriebnahme eine Besondere Leistung (siehe Abschnitt 4.2.12).

Durch das Beistellen einer mit der Anlage vertrauten Fachkraft sollen Fehlbedienungen der Raumlufttechnischen Anlage durch Fremdgewerke vermieden werden. Treten bei der Inbetriebnahme Funktionsmängel auf, kann deren Ursache durch die Anwesenheit eines fachlich kompetenten Mitarbeiters eher identifiziert und beseitigt werden.

Die Mitwirkung bei der Prüfung und Inbetriebnahme der MSR-Technik wird zu einer Besonderen Leistung, wenn die elektrische Verkabelung oder die MSR-Technik nicht zur vertraglichen Leistung des Auftragnehmers gehört. Die Inbetriebnahme bei einschl. Regelungstechnik vollständig beauftragter Heizungsanlage ist hingegen eine Nebenleistung.

3.2.9 Schallschutz

Wenn Schallschutzmaßnahmen an der Anlage auszuführen sind, müssen sie den Anforderungen der DIN 4109 und der Richtlinie VDI 2081 Blatt 1[1)] entsprechen.

1) Autor: VDI-Gesellschaft Bauen und Gebäudetechnik, VDI-Platz 1, 40468 Düsseldorf, www.vdi.de. Zu beziehen durch: Beuth Verlag GmbH, 10772 Berlin, www.beuth.de.

DIN 4109 „Schallschutz im Hochbau – Teil 1: Mindestanforderungen“ – (Juli 2016) formuliert in der Einleitung:

> „Es kann nicht erwartet werden, dass Geräusche von außen oder aus benachbarten Räumen nicht mehr bzw. als nicht belästigend wahrgenommen werden, auch wenn die in dieser Norm festgelegten Anforderungen erfüllt werden. Daraus ergibt sich insbesondere die Notwendigkeit, gegenseitig Rücksicht zu nehmen.“

Laut DIN 4109-36 „Schallschutz im Hochbau – Teil 36: Daten für die rechnerischen Nachweise des Schallschutzes (Bauteilkatalog) – Gebäudetechnische Anlagen“ (Juli 2016) lässt sich der in schutzbedürftigen Räumen auftretende Schallpegel häufig nicht vorhersagen, weil die meist vorliegende Körperschallanregung der Bauteile zz. rechnerisch schwer erfassbar ist.

Aus diesen beiden Belegstellen lässt sich nicht die Handlungsanweisung ableiten, den Schallschutz nicht zu beachten. Die Erwartungen an den Schallschutz müssen sich aber am technisch bzw. finanziell Machbaren orientieren.

Maßnahmen zum Schallschutz müssen im Zuge der Planung vorgesehen werden. Eine bezüglich Schallübertragung ungeeignete Grundrissgestaltung lässt sich nachträglich nicht durch die Ausführung verändern.

Laut Fußnote Tabelle 9 in DIN 4109-1 müssen bereits für die Erfüllung der Mindestanforderungen entsprechende Produkte geplant und eine verantwortliche Bauleitung benannt werden sowie Teilabnahmen vorgesehen sein. Wenn dies nicht erfolgt, sollte der Auftragnehmer sogfältig prüfen, ob eine schriftliche Bedenkenanmeldung beim Auftraggeber erforderlich ist. Der Auftragnehmer alleine kann das Ergebnis aufgrund des Zusammenwirkens verschiedener Gewerke nicht gewährleisten. Wichtig: Sobald über die DIN 4109 hinausgehende Anforderungen an den Schallschutz gestellt werden, ist schon im Rahmen der Planung und während der Ausführung aller Gewerke durch den Auftraggeber ein Sachverständiger für Akustik hinzuzuziehen.

Bezüglich der Überprüfung der vom Auftraggeber überreichten Planungsunterlagen nach 3.1.3 kann der Auftragnehmer nur auf die Randbedingungen nach DIN 4109-36 mit den entsprechenden Installationsbeispielen achten. Die Art der Ausführung von Leistungen anderer Gewerke, welche Einfluss auf die Qualität des Schallschutzes haben können, ist nicht Inhalt dieser Überprüfung.

Für Raumlufttechnische Anlagen sind zusätzlich die Inhalte der VDI 2081[20] maßgeblich. Sie behandelt die Ursachen und Quellen der Geräuschentstehung, nennt die Möglichkeiten der Geräuschminderung in RLT-Anlagen und zeigt zudem ein Verfahren, wie die im angeschlossenen Raum durch die RLT-Anlage erzeugten Schallpegel ermittelt und die erforderlichen Schallschutzmaßnahmen bestimmt werden können. Die Schallausbreitung erfolgt sowohl durch Körper- als auch durch Luftschall. Durch geeignete Dämmmaßnahmen und die Verwendung von Schalldämpfern kann dem entgegengewirkt werden. Die Maßnahmen sind im Rahmen der Planung festzulegen und im Leistungsverzeichnis entsprechend zu beschreiben.

3.2.10 Dämmung und Brandschutz

Teile der Raumlufttechnischen Anlage, die eine Ummantelung erhalten sollen, sind so einzubauen, dass diese Leistung ordnungsgemäß ausgeführt werden kann.

Entsprechend der in der ATV DIN 18421 zitierten Norm für Dämmarbeiten DIN 4140 „Dämmarbeiten an betriebstechnischen Anlagen in der Industrie und in der technischen Gebäudeausrüstung – Ausführung von Wärme- und Kältedämmung“ muss für eine ordnungsgemäße Montage der Dämmung zwischen

20 VDI 2081 „Geräuscherzeugung und Lärmminderung in Raumlufttechnischen Anlagen“

den Leitungen so viel Platz vorgesehen sein, dass nach erfolgter Montage der Dämmung ein Mindestabstand zwischen den Installationen von 100 mm verbleibt. Häufig sind Schächte und Rohrtrassen nicht so dimensioniert, dass dieser Abstand eingehalten werden kann. Der Auftragnehmer sollte in diesem Fall vorsorglich Bedenken anmelden, weil damit zu rechnen ist, dass für die Dämmarbeiten eine Besondere Leistung für die erschwerte Montage durch das andere Gewerk geltend gemacht wird.

3.3 Anzeige, Erlaubnis, Genehmigung und Prüfung

Die für die behördlich vorgeschriebenen Anzeigen oder Anträge notwendigen zeichnerischen und sonstigen Unterlagen sowie Bescheinigungen sind entsprechend der für die Anzeige-, Erlaubnis- oder Genehmigungspflicht vorgeschriebenen Anzahl vom Auftragnehmer dem Auftraggeber zur Verfügung zu stellen. Dies gilt nicht, wenn die Prüfvorschriften für Anlagenteile eine dauerhafte Kennzeichnung statt einer Bescheinigung zulassen.

Werden durch behördliche Auflagen Unterlagen benötigt, die erst mit den einzelnen Komponenten geliefert werden können, sind diese Unterlagen durch den Auftragnehmer bereitzustellen. Insoweit wird hier eine Mitwirkungspflicht des Auftragnehmers beschrieben, deren Umfang gemäß 0.2.21 definiert sein muss. Nur mit den erforderlichen Unterlagen kann der Auftraggeber seinen oben beschriebenen Verpflichtungen nachkommen.

Bei Bauteilen, die bereits ab Werk geprüft und dauerhaft gekennzeichnet sind, besteht die Verpflichtung in der Übergabe der werksseitig mitgelieferten Unterlagen. Die Lieferung dieser Unterlagen ist eine Nebenleistung. Fallen dagegen in diesem Zusammenhang Gebühren an, sind dies Besondere Leistungen.

3.4 Einstellen der Anlage

3.4.1 Der Auftragnehmer hat die Anlagenteile so einzustellen, dass die geplanten Funktionen und Leistungen erbracht und die gesetzlichen Bestimmungen erfüllt werden. Der Abgleich der Luftvolumenströme ist den rechnerisch ermittelten Einstellwerten entsprechend vorzunehmen. Gemessene Werte sind zu dokumentieren.

Mit diesem Abschnitt wird der Auftragnehmer verpflichtet, die von ihm installierte Raumlufttechnische Anlage entsprechend den in der Planung vorgegebenen Daten einzustellen. Mit der korrekten Einstellung der Anlagen wird erreicht, dass alle vorgesehenen Betriebszustände eingehalten werden können. Insbesondere erwähnt wird hier der Abgleich der Luftvolumenströme als wesentliches Merkmal einer funktionsfähigen Lüftungsanlage. Die im Rahmen der Einstellung gemessenen Werte sind zu dokumentieren. In der Regel werden dabei Volumenströme in den Luftleitungen und ggf. auch an den Luftdurchlässen gemessen. Abnahmemessungen nach DIN EN 12599 sollten gemeinsam mit dem Auftraggeber durchgeführt und von diesem bestätigt werden.

Da zum Zeitpunkt der Einstellungen in der Regel nicht alle Betriebszustände wie Heiz- oder Kühlperiode vorliegen, können Einstellarbeiten auch nach der Abnahme der Anlage erforderlich werden.

3.4.2 Das Bedienungs- und Wartungspersonal für die Anlage ist durch den Auftragnehmer einmal einzuweisen.

Eine Einweisung in den Umgang mit Anlagen ist insbesondere bei komplexen Systemen für deren sicheren, sparsamen und effizienten Betrieb unbedingt erforderlich. Sie muss vor der Übergabe erfolgen, um den Auftraggeber in die Lage zu versetzen, die Anlage verantwortlich bedienen und betreiben zu können.

Der Auftraggeber hat die einzuweisende Person rechtzeitig zu benennen. Es sollte mit dem Auftraggeber frühzeitig und schriftlich vereinbart werden, welche Personen zu welchem Zeitpunkt eingewiesen werden können. Das einzuweisende Personal muss über die zum Betrieb der Systeme erforderliche Fachkunde verfügen. Die Einweisung erfolgt einmalig als Nebenleistung, weitere Einweisungen können als Besondere Leistung nach Abschnitt 4.2.21 ausgeschrieben werden. Über die Einweisung ist ein Protokoll zu erstellen, welches den zu übergebenden Unterlagen nach 3.6 beizulegen ist.

Je nach Umfang der Anlage können zu einer Einweisung folgende Punkte beispielhaft gehören:

- Aufbau und Funktion der Anlage
- Sicherheitshinweise zum Umgang mit der Anlage
- Vorgehensweise zur Inbetriebsetzung und zur Außerbetriebnahme
- Lage und Betätigung von Absperr- und Regelorganen
- Bedienung der Regelung
- Verhalten im Störungsfall
- Verhalten im Schadensfall
- Wartungsintervalle von Bauteilen
- Wasserbeschaffenheit, Wasseraufbereitungssystem, Prüfintervalle für das Befeuchterwasser
- Ansprechpartner bei Fragen zur Gewährleistung
- etc.

wobei die Besonderen Leistungen auch als eine Erweiterung der Nebenleistungen verstanden werden, sofern die Nebenleistung Aufwände erfordert, die über das übliche Maß hinausgehen. In solchen Fällen wird aus Abschnitt 4.1 auf den Abschnitt 4.2 verwiesen.

4.1 Nebenleistungen sind ergänzend zur ATV DIN 18299, Abschnitt 4.1, insbesondere:

Nach ATV DIN 18299 Abschnitt 4.1 werden Nebenleistungen beschrieben als:

> „Nebenleistungen sind Leistungen, die auch ohne Erwähnung im Vertrag zur vertraglichen Leistung gehören (§ 2 Absatz 1 VOB/B)."

Für Nebenleistungen gilt, dass diese im Leistungsverzeichnis nicht als separate Position aufgeführt werden müssen und trotzdem im Zusammenhang mit der jeweiligen Hauptposition, welche Bestandteil des Leistungsverzeichnisses ist, zu erbringen sind. Die Vergütung für diese Nebenleistungen ist bei der Ermittlung der Einheitspreise zur jeweiligen Hauptleistung zu berücksichtigen, sofern sie nicht – auch ohne ein besonderes Erfordernis – mit einer separaten Position angefragt werden. Art und Umfang der zur Erbringung der wesentlichen Hauptleistungen erforderlichen Arbeiten sind in Kapitel 3 „Ausführung" beschrieben. Diese Leistungen sind regelmäßig als Nebenleistungen in die Einheitspreise einzurechnen, sofern dort nichts anderes vorgemerkt ist.

Die auf das jeweilige Gewerk bezogenen Nebenleistungen werden in 4.1.1 bis 4.1.9 beschrieben. Weitere Nebenleistungen, die übergreifend für alle Gewerke Geltung besitzen wie beispielsweise für die Einrichtung der Baustelle, den Stoff- und Bauteiltransport oder für Maßnahmen zur Arbeitssicherheit, sind in ATV DIN 12599 Abschnitt 4.1 ausführlich aufgeführt.

Eine umfassende, genaue und abschließende Auflistung aller Nebenleistungen kann im Rahmen der ATV nicht geleistet werden. Dies wird durch die Verwendung des Begriffes „Insbesondere" deutlich. Nebenleistungen sind auch Leistungen, die der gewerblichen Verkehrssitte entsprechen. Die gewerbliche Verkehrssitte beschreibt Leistungen, die selbstverständlich zur Erbringung der vereinbarten Hauptleistung gehören. Diese sind beispielsweise das Erstellen der Protokolle zur Einregulierung oder zur Einweisung des Bedienungs- und Wartungspersonals oder das Vorbereiten und Mitwirken bei der Abnahme der eigenen Leistung.

Bei der fachlichen Überarbeitung der ATV-Texte werden in der Regel solche Leistungen als Nebenleistungen aufgenommen, die häufig wiederkehrende Sachverhalte beschreiben oder bei denen es zu kontroversen Sichtweisen durch die Vertragspartner gekommen ist.

4.1.1 Prüfen der Unterlagen des Auftraggebers nach Abschnitt 3.1.3.

Das Prüfen der Unterlagen des Auftraggebers stellt einen wichtigen Baustein der korrekten Leistungserbringung dar. Kommt es aufgrund nicht erkannter Fehler der Planunterlagen zu Mängeln bei der Ausführung, wird zu belegen sein, weshalb dieser Fehler bei der Prüfung der Unterlagen nicht erkannt werden konnte.

Zu prüfen sind dabei die in Abschnitt 3.1.2 Absatz 4 aufgelisteten, für die Ausführung nötigen Unterlagen, die nach § 3 Abs. 1 VOB/B beizustellen sind. Es ist angeraten, den für die Prüfung dieser Dokumente erforderlichen Aufwand bei der Kostenkalkulation zu berücksichtigen.

4.1.2 Auf-, Um- und Abbauen sowie Vorhalten von Gerüsten für eigene Leistungen, sofern die zu bearbeitende Fläche nicht höher als 3,50 m über der Standfläche des hierfür erforderlichen Gerüstes liegt.

4.1.3 Ausgleichen abgestufter oder geneigter Standflächen von Gerüsten bis zu 40 cm Höhenunterschied, z. B. über Treppen oder Rampen.

Die Regelungen zur Beistellung von Gerüsten wurden im Hauptausschuss Hochbau umfassend beraten und abschließend für alle ATVen als Standardformulierung gleichlautend vorgegeben. Mit der Formulierung soll erreicht werden, dass Gerüste bis zu einer Höhe des oberen Gerüstbodens von 2,0 m über der Standfläche, gemeint ist damit die Aufstellfläche, des Gerüstes als Nebenleistung beizustellen und in die Einheitspreise einzurechnen sind. Dabei wird von einer Arbeitsreichweite des Mitarbeiters von bis 1,5 m über der Standfläche der Person ausgegangen. Insbesondere wurden Aspekte der Arbeitssicherheit berücksichtigt. Für die Ausführung und den Aufbau von Gerüsten sowie der Arbeits- und Standsicherheit sind grundsätzlich die Vorgaben der ATV DIN 18451 „Gerüstarbeiten" maßgebend.

Der Satzteil „... für eigene Leistungen" schließt eine Bereitstellung der beigestellten Gerüste für Leistungen anderer Auftragnehmer als Nebenleistung aus.

Werden Leistungen oberhalb geneigter Flächen erforderlich, so ist als Nebenleistung ein Ausgleich der Neigung von maximal 40 cm zu erbringen. Dieses Maß kann in der Regel durch die Stellfüße des Gerüstes ausgeglichen werden.

4.1.4 Typ- und Leistungsschilder.

Typ- und Leistungsschilder gehören regelmäßig zum Lieferumfang aktiver Komponenten. Sie werden vom Hersteller der Komponente erstellt und an dieser dauerhaft angebracht. Weitere Hinweise zu Art und Inhalt der Typ- und Leistungsschilder werden in Abschnitt 2.1 gegeben.

4.1.5 Verbindungs- und Befestigungselemente sowie zugehörige Bauteile, z.B. Flansche, Profilverbinder, Schrauben, Dichtungen, Versteifungen für Luftleitungen.

Alle Lieferungen und Leistungen, die für eine fachlich korrekte Montage der Hauptleistung sowie deren bestimmungsgemäße Funktion nach gewerblicher Verkehrssitte erforderlich sind, sind Nebenleistungen. Dazu gehören insbesondere:

- Aussteifungen und Leitbleche für Luftleitungen und Formstücke durch Bombieren oder Einbauten, die nach den einschlägigen Normen für den Luftleitungsbau erforderlich sind,
- Befestigungsmaterial wie Dübel, Gewindestangen, Tragprofile zur Auflage der Luftleitungen, Schallschutzauflagen und
- Losflansche, Steckverbinder, Flanschenklammern sowie Dichtmaterial, Schrauben, Muttern etc.

Werden zur Vermeidung von Schall- oder Schwingungsübertragung durch die installierten Bauteile an den Baukörper aufgrund der örtlichen Gegebenheiten oder spezieller Anforderungen des Auftraggebers besondere Maßnahmen erforderlich, sind dies Besondere Leistungen nach 4.2.3.

4.1.6 Anbringen von Konsolen und Halterungen, ausgenommen Leistungen nach Abschnitt 4.2.10.

Dieser Abschnitt wurde neu aufgenommen, um deutlich zu machen, dass nicht jede Konsole oder Halterung als Besondere Leistung ausgeschrieben werden muss. Werden zur fachgerechten Befestigung und Lastaufnahme von Bauteilen nach der gewerblichen Verkehrssitte Konsolen oder Halterungen benötigt, gehören diese zu den Nebenleistungen.

Falls derartige Konstruktionen aufgrund baulicher Gegebenheiten oder aufgrund von Installationen anderer Gewerke, die von eigenen Installationen umbaut werden müssen, erforderlich werden und das Maß der gewerblichen Verkehrssitte übersteigen, sind dies Besondere Leistungen.

4.1.7 Messöffnungen mit Verschlussstopfen ohne besondere Anforderungen bis 35 mm Durchmesser.

Messöffnungen in Luftleitungen werden benötigt, um beispielsweise Temperaturen, Drücke oder Volumenströme messtechnisch erfassen zu können. Die Lage der Messöffnungen soll in den Ausführungsplänen vermerkt sein. Im Einzelfall kann es sinnvoll sein, deren genaue Lage nach erfolgter Montage des Luftleitungsnetzes festzulegen, um die Qualität des Messergebnisses zu verbessern.

Werden Messöffnungen nicht dauerhaft verwendet, sondern dienen sie beispielsweise der Einregulierung der Anlagen, müssen sie für einen ordnungsgemäßen Betrieb luftundurchlässig verschlossen werden. Bei der Auswahl des Verschlussstopfens muss die vorgesehene Dämmung der Bauteile berücksichtigt werden. Energieverluste sollen nicht begünstigt werden, Tauwasserbildung ist zu vermeiden.

Die übliche Ausprägung der Messöffnung, insbesondere zur Einführung von Volumenstrommesssonden, wird mit einem Durchmesser von ≤ 35 mm angenommen. Messöffnungen mit einem größeren Durchmesser sind einschließlich des gewünschten Verschlusses als Besondere Leistung zu erbringen.

4.1.8 Schutz von Bau- und Anlagenteilen vor Verunreinigungen und Beschädigungen während der Arbeiten an Raumlufttechnischen Anlagen durch loses Abdecken, Abhängen oder Umwickeln, ausgenommen Schutzmaßnahmen nach Abschnitt 4.2.25.

Diese Leistung ist zu erbringen, wenn durch die eigenen Montagearbeiten Leistungen des eigenen oder von anderen Gewerken verschmutzt oder anderweitig beschädigt werden könnten. Dies ist insbesondere der Fall, wenn bei Fertigmontagen in bereits nahezu bezugsfertig hergestellten Räumen Arbeiten ausgeführt werden, bei denen mit Verschmutzungen zu rechnen ist. Auch bei Installationsarbeiten in Bereichen, in denen schutzbedürftige Leistungen, auch solche anderer Gewerke, bereits erbracht sind, kann ein Schutz durch Abdecken, Umhüllen o.Ä. notwendig sein.

Als Nebenleistung ist ein Schutz durch Bauschutzfolien mit einer Dicke von weniger als 0,2 mm vorgesehen. Dickere Folien sowie andersartige Schutzmaßnahmen sind eine Besondere Leistung nach 4.2.25. Diese Formulierung ist in den drei TGA – ATVen gleichlautend aufgenommen worden.

4.1.9 Fertigstellen von Bauteilen in mehreren Arbeitsgängen zur Ermöglichung von Arbeiten anderer Unternehmer, soweit die eigenen Leistungen im Zuge gleichartiger Arbeiten kontinuierlich erbracht werden können. Sind diese Voraussetzungen nicht gegeben, handelt es sich um Besondere Leistungen nach Abschnitt 4.2.26.

Mit diesem Abschnitt werden Leistungsunterbrechungen beschrieben, bei denen eine grundsätzliche Fortsetzung der eigenen, gleichartigen Leistung, wenn auch an anderer Stelle auf der gleichen Baustelle, möglich ist. Der Begriff „gleichartige Arbeiten“ impliziert, dass die Leistungen zwar an einer räumlich anderen Stelle, jedoch mit gleichem Personal und gleichen Arbeitsmitteln ausgeführt werden können. Es soll gewährleistet werden, dass die Arbeiten an anderer Stelle keine Änderung der Einrichtung der Baustelle oder der Disponierung des Personals erfordern.

Der Rückbau und der Wiederaufbau von Baustelleneinrichtungen, beispielsweise nicht beweglicher Gerüste, für das Durchführen von Arbeiten anderer Unternehmer, sind nicht Bestandteil der Nebenleistung.

4.2 Besondere Leistungen sind ergänzend zur ATV DIN 18299, Abschnitt 4.2, z. B.:

Nach ATV DIN 18299 Abschnitt 4.2 werden Besondere Leistungen beschrieben als:

> „Besondere Leistungen sind Leistungen, die nicht Nebenleistungen nach Abschnitt 4.1 sind und nur dann zur vertraglichen Leistung gehören, wenn sie in der Leistungsbeschreibung besonders erwähnt sind.“

Besondere Leistungen kommen nicht regelmäßig vor und bedürfen daher einer besonderen Erwähnung mit einer Leistungsposition im Rahmen der Leistungsbeschreibung, um zum Vertragsbestandteil zu werden. Es empfiehlt sich für den Planer, vor der Erstellung der Leistungsbeschreibung sowohl den Abschnitt 0 „Hinweise zur Ausschreibung“ als auch den Abschnitt 4.2 „Besondere Leistungen“ zur Kenntnis zu nehmen.

Die Auflistung der Besonderen Leistungen ist, ebenso wie die der Nebenleistungen, keinesfalls abschließend, was durch die Verwendung des Begriffes „z. B." deutlich gemacht wird.

Leistungen aus Abschnitt 4.1 können zur Besonderen Leistung werden, wenn sie über das übliche Maß hinaus mit Lieferungen und Aufwendungen verbunden sind. Entsprechende Nebenleistungen nach Abschnitt 4.1 enthalten in der Regel einen Verweis auf den jeweils zugehörigen Abschnitt in 4.2.

Wird das Erbringen Besonderer Leistungen zur Herstellung der beauftragten Leistung erforderlich und sind diese nicht im Leistungsverzeichnis beschrieben, sollte der Auftragnehmer vor einer Ausführung auf diesen Umstand hinweisen und die erforderliche Vergütung mit dem Auftraggeber vereinbaren.

4.2.1 Planungsleistungen wie Entwurfs-, Ausführungs- und Genehmigungsplanung sowie die Planung von Schlitzen und Durchbrüchen.

Planungsleistungen gehören grundsätzlich nicht zum Lieferumfang im Rahmen eines VOB-Vertrages. Für die Durchführung solcher Leistungen sind in der Regel die Vorgaben der HOAI heranzuziehen.

Werden diese Leistungen in die Leistungsbeschreibung aufgenommen und vom Auftragnehmer angeboten, sind sie Vertragsbestandteil und somit zu erbringen.

Das Erstellen der erforderlichen Unterlagen nach Abschnitt 3.1.2 (Montage- und Werkstattpläne) ist nicht Bestandteil des Abschnittes 4.2.1.

4.2.2 Anzeichnen von Durchbrüchen, wenn deren Ausführung nicht im Leistungsumfang des Auftragnehmers enthalten ist.

Das Herstellen von Schlitzen und Durchbrüchen bedarf grundsätzlich vor Ausführung einer Abstimmung mit dem Auftraggeber. Dabei werden auch statische Belange des Bauwerkes geprüft. Die Freigabe zur Ausführung sollte in Schriftform dokumentiert werden.

Der Aufwand für das Anzeichnen von Durchbrüchen und Schlitzen kann, insbesondere für Leistungen des Gewerkes Raumlufttechnik, erheblich sein. Neben der ggf. erforderlichen Erstellung einer Maßkette mit Bezug zu eindeutig vermaßten Punkten (Meterriss etc.) können auch spezielle Werkzeuge wie Nivelliergerät oder weitere Messgeräte benötigt werden. Ebenso kann das Bereitstellen von Montagehilfen wie Leitern oder Gerüsten notwendig sein, um die Markierungen für Durchbrüche etc. in hohen Räumen anbringen zu können.

Sind im Rahmen der Preisermittlung Art und Umfang von Leistungen zur Festlegung von Durchbrüchen, Schlitzen etc. nicht bekannt, können sie bei der Preisfindung nicht im benötigten Maß berücksichtigt werden.

4.2.3 Besondere Maßnahmen zur Schalldämmung und Schwingungsdämpfung von Anlagenteilen gegen den Baukörper.

Die nach Abschnitt 3.2.9 „Schallschutz" beschriebenen, grundlegenden Leistungen entsprechend DIN 4109 und VDI 2081 Blatt 1 sind als Nebenleistungen zu erbringen. Werden darüberhinausgehend Anforderungen an einen erhöhten Schallschutz gestellt, sind dieses Besondere Leistungen, die eine Beschreibung im Leistungsverzeichnis bedürfen.

Für Maßnahmen zur Vermeidung der Schwingungsübertragung ist in Kapitel 3 kein eigener Abschnitt vorgesehen. Es sind die allgemein anerkannten Regeln der Technik sowie die Vorgaben der Komponentenhersteller bereits bei der Planung zu berücksichtigen und im Leistungsverzeichnis zu beschreiben. Dabei ist auch die Schwingungsentkopplung der Rohrleitungsanschlüsse zu beachten.

Werden aufgrund der Gebäudenutzung besondere Anforderungen an eine Vermeidung der Schwingungsübertragung gestellt, beispielsweise bei Messtechnik-Laboren mit schwingungsempfindlichen Messinstrumenten, müssen die gewünschten Maßnahmen im Leistungsverzeichnis beschrieben sein.

Insbesondere bei erhöhten Anforderungen an den Schallschutz sollte vom Auftragnehmer darauf hingewiesen werden, dass auch die Leistung anderer Gewerke wie Metall- oder Trockenbau einen erheblichen Einfluss auf den sich im Betrieb einstellenden Schallpegel haben kann. Die Garantie, einen bestimmten Schallpegel während des regulären Betriebes des Gebäudes einzuhalten, kann daher nicht von einem einzelnen Auftragnehmer, dem nicht alle beteiligten Gewerke beauftragt wurden, gegeben werden. Es empfiehlt sich, bereits in der Planungsphase einen Sachverständigen für Schallschutz hinzuzuziehen, damit die gewerkeübergreifenden Anforderungen umfänglich berücksichtigt werden können. Auch während der Bauphase sollten die Arbeiten aller Gewerke regelmäßig durch einen Schallschutz-Sachverständigen überwacht werden.

4.2.4 Vorhalten von Aufenthalts- und Lagerräumen, wenn der Auftraggeber Räume, die leicht verschließbar gemacht werden können, nicht zur Verfügung stellt.

Der Auftraggeber hat nach § 4 (4) Nummer 1 VOB/B dem Auftragnehmer Lager- und Arbeitsplätze auf der Baustelle unentgeltlich zur Mitbenutzung bereitzustellen. Diese Räume werden regelmäßig für den Aufenthalt von Mitarbeitern und eine ordnungsgemäße Lagerung der Baumaterialien, insbesondere im Hinblick auf das Arbeitsrecht oder die Anforderungen nach VDI 6022 Blatt 1, benötigt. Kann der Auftragnehmer diese Räume nicht bereitstellen, so ist eine entsprechende Position im Leistungsverzeichnis vorzusehen. Dadurch wird der Auftragnehmer in die Lage versetzt, Kosten für Lager- oder Sozialräume vorzusehen.

4.2.5 Auf-, Um- und Abbauen sowie Vorhalten von Gerüsten für Leistungen anderer Unternehmer.

Falls Gerüste nicht für die eigene, sondern für Leistungen anderer Gewerke bereitgestellt werden sollen, muss dieses im Leistungsverzeichnis beschrieben werden. Neben der Dauer der Bereitstellung müssen auch die Art der Gerüste und die vorgesehene Arbeitshöhe angegeben werden. Für die Ausführung und den Aufbau von Gerüsten sowie deren Arbeits- und Standsicherheit sind grundsätzlich die Vorgaben der ATV DIN 18451 „Gerüstarbeiten“ maßgebend.

4.2.6 Auf-, Um- und Abbauen sowie Vorhalten von Gerüsten für eigene Leistungen, sofern die zu bearbeitende Fläche höher als 3,50 m über der Standfläche des hierfür erforderlichen Gerüstes liegt.

4.2.7 Auf-, Um- und Abbauen sowie Vorhalten von Gerüsten mit abgestufter oder geneigter Standfläche, z. B. über Treppen oder Rampen, sofern ein Ausgleich von mehr als 40 cm erforderlich ist.

Die Regelungen zur Beistellung von Gerüsten als Nebenleistung bzw. als Besondere Leistung wurden vom Hauptausschuss Hochbau für alle ATVen als Standardformulierung gleichlautend vorgegeben.

Werden Gerüste für eine zu bearbeitende Fläche, die höher als 3,50 m über der Gerüst-Standfläche liegt, benötigt, so ist dies gesondert zu beschreiben. Für zu bearbeitende Flächen bis 3,50 m Höhe sind Gerüste als Nebenleistung nach Abschnitt 4.1.2 bzw. 4.1.3 beizustellen. Für die Ausführung und den Aufbau von Gerüsten sowie der Arbeits- und Standsicherheit sind grundsätzlich die Vorgaben der ATV DIN 18451 „Gerüstarbeiten“ maßgebend.

4.2.8 Herstellen von Schlitzen und Durchbrüchen.

Wird das Herstellen von Schlitzen und Durchbrüchen an den Auftragnehmer vergeben, so ist dies im Leistungsverzeichnis gesondert zu beschreiben. Vor einer Ausführung der Arbeiten ist eine Abstimmung mit dem Auftraggeber, insbesondere bezüglich der Freigabe der auszuführenden Leistung, erforderlich. Der Auftraggeber hat vor seiner Freigabe die Auswirkungen auf die Statik der zu bearbeitenden Konstruktion zu prüfen.

Im Vergleich zur Gesamtausgabe der VOB Ausgabe 2012, dort Abschnitt 4.2.5 der DIN 18379, ist hier der Satzteil „... Stemm-, Bohr- und Fräsarbeiten für die Befestigung von Halterungen und Konsolen, sowie das ...“ entfallen. Das Herstellen der Bohrlöcher für die Aufnahme von Dübeln oder sonstigen Befestigungen für Halterungen und Konsolen ist eine Nebenleistung. Stemm- und Fräsarbeiten dienen in der Regel dem Herstellen von Schlitzen oder Nischen. Sie bedürfen vor ihrer Ausführung der Freigabe durch den Auftraggeber und stellen eine Besondere Leistung dar. Dies gilt gleichermaßen für Kernbohrarbeiten.

4.2.9 Anpassen von Anlagenteilen an nicht maßgerecht ausgeführte Leistungen anderer Unternehmer.

Vor Beginn der Montage hat der Auftragnehmer die baulichen Gegebenheiten auf Eignung für den Montagebeginn zu prüfen. Stellt er hierbei eine mangelhafte Ausführung von Leistungen anderer Gewerke oder Abweichungen von den vorgesehenen maßlichen Vorgaben fest, sollte er gemäß Abschnitt 3.1.4 Bedenken anmelden.

Wird beispielsweise aufgrund einer gegenüber der Ausführungsplanung veränderten Lage von Durchbrüchen eine Änderung der eigenen Leitungsführung erforderlich, so ist dies eine Besondere Leistung.

4.2.10 Besondere Befestigungskonstruktionen, z. B. Stützgerüste.

Werden zur Befestigung von Bauteilen der Lüftungsanlage aufgrund örtlicher Gegebenheiten oder spezieller Anforderungen des Auftraggebers besondere Konstruktionen benötigt, die über das übliche Maß hinausgehen, sind dies Besondere Leistungen. Beispielsweise können solche Leistungen das Herstellen von Unterkonstruktionen, Stützgerüsten etc. sein für:

- den Ausgleich von nicht ebenen Decken- oder Wandverläufen,
- die Verteilung von Lasten bei ungenügender Tragfähigkeit des zur Befestigung vorgesehenen Untergrundes,
- die Aufnahme der Lasten bei ungenügender Festigkeit des Untergrundes.

4.2.11 Funktions-, Bezeichnungs- und Hinweisschilder.

Aufgrund der vielfältigen Möglichkeiten zur Ausprägung von Funktions-, Bezeichnungs- und Hinweisschildern sowie deren Häufigkeit (*Beispiel: Medien- und Fließrichtungshinweise*) ist diese Leistung als Besondere Leistung gekennzeichnet. Der Auftraggeber wird so in die Lage versetzt, die Bauart der Beschilderung genau zu beschreiben und Vorgaben zu den Orten der Anbringung zu machen. Damit entfallen Missverständnisse zwischen der vom Auftragnehmer kalkulierten und der vom Auftraggeber gewünschten Art der Ausführung.

Typ- und Leistungsschilder nach Abschnitt 4.1.4 gelten als Nebenleistung. Diese werden werksseitig mit dem Produkt gestellt. Sollten seitens des Auftraggebers besondere Anforderungen an die Ausführung dieser Schilder gestellt werden, handelt es sich um Besondere Leistungen. Dies könnten zum Beispiel die Ausführung nach DIN 2403 oder besondere Ausstattungswünsche (Fräsung, ...) sein.

4.2.12 Prüfen der elektrischen Verkabelung, der Mess-, Steuer- und Regelanlage sowie Abstellen einer Fachkraft bei der Inbetriebnahme der Mess-, Steuer- und Regelanlage, wenn die Leistungen nicht vom Auftragnehmer ausgeführt wurden.

Schließt die Leistung des Auftragnehmers an eine bauseits erstellte Leistung an, hat der Auftragnehmer bei einer erkennbar mangelhaften Ausführung der Vorleistung Bedenken anzumelden. Eine umfängliche Prüfung der nicht selbst erbrachten Leistung ist damit jedoch nicht verbunden. Sollen durch andere Auftragnehmer erbrachte Leistungen wie die elektrische Verkabelung oder die MSR-Anlage, ggf. einschließlich der Funktionen, geprüft werden, ist dies eine Besondere Leistung. Gleiches gilt für das Beistellen eines fachlich entsprechend ausgebildeten Mitarbeiters, der beispielsweise für Koordinierungen zwischen den verschiedenen Gewerken oder für Inbetriebnahmen durch den Auftraggeber gewünscht wird.

4.2.13 Liefern der für die Inbetriebnahme und den Probebetrieb nötigen Betriebsstoffe und Medien.

Für eine ordnungsgemäße Inbetriebnahme ist es erforderlich, die Anlage in einen Zustand zu versetzen, der dem bestimmungsgemäßen Betrieb ähnlich ist. Dazu gehört ein Befüllen der wasserführenden Systemteile mit entsprechend aufbereitetem Wasser, falls erforderlich auch mit Zusatz von Frostschutzmitteln. Art und Menge der Zusatzstoffe oder der sonstigen Maßnahmen zur Wasseraufbereitung müssen beschrieben sein, um vom Auftragnehmer kalkuliert werden zu können. Zu den Betriebsstoffen und Medien sind auch das Liefern von Trinkwasser als Grundlage für eine Befüllung der Anlage oder das Bereitstellen eines entsprechend dimensionierten Elektroanschlusses zu rechnen

4.2.14 Filterwechsel nach Beendigung des Probebetriebes.

Ein Probebetrieb kann nach Art und Dauer vereinbart werden. Die an den Installationsort der Anlage zu stellenden Voraussetzungen, nach denen eine Anlage in den Probebetrieb genommen werden kann, sollten denen des bestimmungsgemäßen Betriebes entsprechen. Bei Raumlufttechnischen Anlagen gilt dies insbesondere für die Staubbelastung der Außen- und Abluft. Werden diese Vorgaben eingehalten und wird eine Dauer des Probebetriebes von unter einem Jahr vereinbart, ist ein Austausch des Filtermaterials nicht immer erforderlich.

Wird nach dem Probebetrieb ein Wechsel der Filtereinsätze gewünscht, ist dies eine Besondere Leistung und im Leistungsverzeichnis zu vermerken.

4.2.15 Provisorische Maßnahmen zum Betreiben der Anlage oder von Anlagenteilen vor der Abnahme auf Anordnung des Auftraggebers.

Der Betrieb von Anlagen oder Anlagenteilen vor der eigentlichen Abnahme sollte nur dann erfolgen, wenn durch diesen keine Beschädigungen oder Verunreinigungen der Installationen hervorgerufen werden können. Meist empfiehlt es sich, vor einer solchen Inbetriebnahme den Zustand der Anlage gemeinsam mit dem Auftragnehmer zu begutachten und das Ergebnis zu dokumentieren. Sollten während des Probebetriebes beispielsweise durch Staub erzeugende Arbeiten anderer Auftragnehmer Verschmutzungen an Teilen des eigenen Gewerkes hervorgerufen werden, könnte dies nachgewiesen werden.

Falls eine Unterbrechung des Anlagenbetriebes zwischen dem vorzeitigen Betrieb und dem bestimmungsgemäßen Betrieb nach der Abnahme möglich ist, sind Maßnahmen zum Schutz der Anlage beispielsweise vor Korrosion, Verkeimung oder Frost zu treffen. Diese Maßnahmen müssen als Besondere Leistungen beschrieben sein.

Werden für ein Betreiben von Anlagen oder Anlagenteilen vor der Abnahme provisorische Maßnahmen wie beispielsweise ein elektrischer Anschluss an die Baustromversorgung oder eine mobile Wasseraufbereitungsanlage zum Befüllen der Anlage mit Betriebswasser erforderlich, sind dieses Besondere Leistungen.

4.2.16 Betreiben der Anlagen oder von Anlagenteilen.

Ein Betreiben der Anlage oder von Anlagenteilen sollte außerhalb der Inbetriebnahme und des Probebetriebes erst nach der Abnahme erfolgen. Zu diesem Zeitpunkt ist der Betreiber in die Anlage eingewiesen und hat sämtliche Unterlagen, die zum Betreiben erforderlich sind, bereits zu seiner Verfügung.

Für ein vorzeitiges Betreiben von Anlagen oder Anlagenteilen können die bereits unter 4.2.15 gegebenen Hinweise gelten.

4.2.17 Dichtheitsprüfungen von luftführenden Anlagenteilen.

Das Durchführen von Dichtheitsprüfungen luftführender Anlagenteile ist in der Regel mit einem hohen Aufwand verbunden. Die Norm DIN EN 12599 „Lüftung von Gebäuden – Prüf- und Messverfahren für die Übergabe Raumlufttechnischer Anlagen“ sieht die Dichtheitsprüfung nach Tabelle 2 „Funktionsmessungen“ als besondere Maßnahme vor, die nur bei eigener Beauftragung als Leistung zur Abnahme hinzugerechnet werden kann. Allerdings kann im Rahmen der Abnahme diese Prüfung an ausgedehnten Luftleitungsnetzen nicht mehr durchgeführt werden. Die Voraussetzung dazu wäre ein luftdichtes Verschließen aller Luftdurchlässe und Klappen, was mit einem vertretbaren Aufwand nicht geleistet werden kann.

Werden Dichtheitsprüfungen luftführender Anlagenteile vom Auftraggeber gewünscht, ist dieses eine Besondere Leistung. Bei umfangreichen Raumlufttechnischen Anlagen erfolgt die Prüfung während des Montageablaufes in Einzelabschnitten, in denen eine Abschottung der Luftdurchlässe noch vorgenommen werden kann. Zu den Prüfungen sollte ein Vertreter des Auftraggebers hinzugezogen werden, der die Korrektheit der Ergebnisse der Dichtheitsprüfung in einem Dichtheitsprotokoll jeweils bestätigt.

Derzeit werden die Dichtheitsklassen wie folgt definiert:

Klasse A: $f = 0{,}027 \times p^{0{,}65}$;

Klasse B: $f = 0{,}009 \times p^{0{,}65}$;

Klasse C: $f = 0{,}003 \times p^{0{,}65}$;

Klasse D: $f = 0{,}001 \times p^{0{,}65}$;

f = Undichtheit in $l \times s^{-1} \times m^{-2}$; p = statischer Druck in Pa.

Diese Werte gelten gemäß DIN EN 13779:2007-09 „Lüftung von Nichtwohngebäuden – Allgemeine Grundlagen und Anforderungen für Lüftungs- und Klimaanlagen und Raumkühlsysteme“ Anhang A.8 für Luftleitungen unter Versuchsbedingungen. Mit der Herausgabe des Weißdrucks zu DIN EN 16798-3 werden weitere drei Klassen hinzukommen, die die Klassen nach DIN EN 13779 einschließen.

Bei einer Verlegung der Luftleitungen am Montageort im Bauwerk herrschen solche Versuchsbedingungen jedoch nur selten, oftmals erfolgt die Montage unter erschwerten Bedingungen. Bei der nächsten Überarbeitung der DIN EN 12599 soll diesem Umstand Rechnung getragen und entsprechende Hinweise für die Wahl der Dichtheitsklassen gegeben werden.

4.2.18 Besondere Prüfungen, z.B. Prüfung von Schweißnähten, Luftdichtheit der Gebäudehülle.

Verlangt der Auftraggeber als Nachweis für eine korrekte Leistungserbringung besondere Prüfungen, sind diese Besondere Leistungen. Als Beispiel kann die zerstörungsfreie Prüfung von Schweißnähten genannt werden, die nach Art und Umfang zum Zeitpunkt der Kalkulation bereits bekannt sein muss.

Werden Überprüfungen der Leistungen anderer Auftragnehmer gewünscht, hierzu zählt auch eine Luftdichtheitsprüfung der Gebäudehülle, ist dies ebenfalls eine Besondere Leistung. Das Ausschreiben der Leistung ordnet diese eindeutig einem Gewerk zu und kann vom Auftragnehmer kalkuliert werden. Dabei ist beispielsweise zu beschreiben, ob eine ausschließliche Dichtheitsprüfung durchgeführt werden soll, oder auch mögliche Leckageorte aufgezeigt werden sollen.

4.2.19 Wasseranalysen und Gutachten.

Das Erstellen von Wasseranalysen, auf deren Grundlage beispielsweise die Materialauswahl erfolgt oder eine mögliche Wasseraufbereitungsanlage konfektioniert und dimensioniert werden kann, sollte im Rahmen der Planungsleistung erfolgen. Dies gilt unabhängig von der Herkunft des Wassers, beispielsweise Trinkwasser oder Brunnenwasser aus eigener Förderung. Wird eine erneute Wasseranalyse nach der Auftragsvergabe und vor Montagebeginn oder der Erstbefüllung gewünscht, muss dies im Leistungsverzeichnis beschrieben werden.

Sollte diese erneute Wasseranalyse vor Montagebeginn ergeben, dass einzelne oder alle eingesetzten Werkstoffe für die Wasserzusammensetzung nicht geeignet sind, sollte der Auftragnehmer Bedenken anmelden. In der Folge könnte eine Änderung der Wasseraufbereitung oder bei der Materialauswahl erfolgen.

4.2.20 Aufwendungen für bauordnungsrechtlich vorgeschriebene Prüfungen.

Werden vom Auftragnehmer über die nach Abschnitt 3.3 „Anzeige, Erlaubnis, Genehmigung und Prüfung“ als Nebenleistung zu erbringenden Leistungen hinaus weitere Lieferungen und Leistungen gewünscht, sind diese als Besondere Leistung auszuschreiben. Ausdrücklich ist die Übernahme von Gebühren für behördlich vorgeschriebene Abnahmeprüfungen, beispielsweise durch Sachverständige, eine solche Besondere Leistung.

4.2.21 Wiederholtes Einweisen des Bedienungs- und Wartungspersonals (siehe Abschnitt 3.4.2).

Die einmalige Einweisung des Auftraggebers bzw. der von ihm zu benennenden Personen ist für einen sicheren und wirtschaftlichen Betrieb von Anlagen zwingend erforderlich. Daher ist diese Leistung nach Abschnitt 3.4.2 als Nebenleistung definiert.

Für den Fall, dass zwischen dem Zeitpunkt der Einweisung und dem tatsächlichen Betriebsbeginn das Betreiberpersonal wechselt oder der Auftraggeber ein mehrmaliges oder zusätzliches Einweisen von Personen in die Bedienung der Anlage wünscht, ist dies als Besondere Leistung auszuschreiben.

4.2.22 Zusätzliche Funktionsmessungen nach Abschnitt 3.5.

Der Umfang einer Abnahmeprüfung und der durchzuführenden Funktionsmessungen richtet sich nach den Vorgaben der DIN EN 12599. Gemeinsam mit den Inhalten der Tabelle 2 „Funktionsmessungen“ und dem zu vereinbarenden Umfang der Funktionsmessungen entsprechend der Klassen A bis D nach

Anhang C.4 „Umfang der Prüfungen und Messungen“, Bild C.1 „zu prüfende Anzahl p von n ähnlichen Situationen“ ist der Prüfumfang ausreichend beschrieben. Abschnitt 0.2.22 gibt hierzu die erforderlichen Hinweise an den Ausschreibenden. Sollten insbesondere die Klasse nicht im Leistungsverzeichnis angegeben sein, empfiehlt sich der Hinweis auf die vom Auftragnehmer als Kalkulationsgrundlage gewählte Klasse. Diese entspricht in der Regel Klasse A.

Werden Funktionsmessungen gewünscht, die in Tabelle 2 als „2 – gesondert vertraglich zu vereinbaren“ gekennzeichnet sind, ist deren Durchführung als Besondere Leistung auszuschreiben. Gleiches gilt für Sondermessungen nach Anhang E der Norm, für deren Häufigkeit ebenfalls eine Klasse A bis D, ggf. auch die gleiche Klasse wie für Funktionsmessungen, zu benennen ist.

Für die Anzahl der durchzuführenden Funktionsprüfungen gelten diese Ausführungen analog.

4.2.23 Erstellen von Bestandsplänen, Funktions- und Strangschemata.

Bestandspläne im Sinne des Abschnittes 4.2.23 werden auf Grundlage der Ausführungspläne, die auf den „Stand der Ausschreibungsergebnisse“ fortgeschrieben sind, erstellt und entsprechend den tatsächlich ausgeführten Leistungen angepasst. Gegenüber der Ausgabe VOB 2012 wurden hier die Funktions- und Strangschemata ergänzt.

Der Text wurde gleichlautend in die TGA – ATVen DIN 18379, DIN 18380 und DIN 18381 aufgenommen. Die in Abschnitt 0.2.21 aufgelisteten zu erstellenden und zu übergebenden Unterlagen können nicht umfänglich als Nebenleistung erwartet werden. Vielmehr sind die hier genannten Pläne und Schemata als Besondere Leistung nach Art und Inhalt im Leistungsverzeichnis zu beschreiben. Dies gilt auch für die in Abschnitt 3.6 ausdrücklich genannten Funktions- und Strangschemata. Diese hätten einen entsprechenden Verweis auf Abschnitt 4.2 erhalten müssen, was bei der Überarbeitung offenbar nicht erkannt wurde. In den Normen DIN 18380 und 18381 wurde in Kapitel 3 bei dem Punkt „Mitzuliefernde Unterlagen“ der Anstrich „Anlagenschemata“ gelöscht.

4.2.24 Bereitstellen von zusätzlichen Daten, die über die Angaben von VDI 3813 (alle Teile) und VDI 3814 (alle Teile) hinausgehen.

Die Richtlinienreihen VDI 3813 „Gebäudeautomation – Raumautomationsfunktionen“ und VDI 3814 „Gebäudeautomation“ behandeln die Planung und Ausführung von Gebäudeautomationssystemen allgemein. Im Rahmen der

Errichtung von Raumlufttechnischen Anlagen können beispielsweise Kompakt-Klimageräte zum Einsatz kommen, bei denen die MSR-Anlagen bereits integriert sind. In diesem Fall sind die entsprechenden Informationslisten durch den Auftragnehmer beizustellen, siehe auch Abschnitt 0.2.21. Werden darüber hinaus zusätzliche Angaben vom Auftraggeber gewünscht, sind diese ausführlich zu beschreiben und im Leistungsverzeichnis aufzuführen. Andernfalls ist eine Kalkulation der Leistung nicht möglich.

4.2.25 Besonderer Schutz von Bau- und Anlagenteilen sowie Einrichtungsgegenständen, z. B. Abkleben von Fenstern, Türen, Böden, Belägen, Treppen, Hölzern, Dachflächen, oberflächenfertigen Teilen, staubdichtes Abkleben von empfindlichen Einrichtungen und technischen Geräten, Staubschutzwände, Notdächer, Auslegen von Hartfaserplatten oder Bautenschutzfolien ab 0,2 mm Dicke.

Bei der nun in den drei TGA – ATVen aufgenommenen Formulierung handelt es sich um einen Standardsatz, der inhaltlich gleich in nahezu alle ATVen Eingang gefunden hat. Er findet sein Pendant in Abschnitt 4.1.8 und grenzt die als Nebenleistung zu erbringenden Leistungen gegen die Besonderen Leistungen ab.

4.2.26 Fertigstellen von Bauteilen in mehreren Arbeitsgängen zur Ermöglichung von Arbeiten anderer Unternehmer, soweit die eigenen Leistungen nicht im Zuge gleichartiger Arbeiten kontinuierlich erbracht werden können (siehe Abschnitt 4.1.9).

Auch bei dieser Formulierung, die ebenfalls gleichlautend in den drei TGA – ATVen aufgenommen wurde, handelt es sich um einen Standardsatz, der vom HAH vorgegeben wurde. Die als Nebenleistung zu akzeptierenden Arbeitsunterbrechungen sind in Abschnitt 4.1.9 beschrieben. Eine besondere Vergütung für Arbeitsunterbrechungen ist insbesondere dann angezeigt, wenn die Baustelleneinrichtung oder die Qualifikation des Montagepersonals nicht dazu geeignet ist, kurzzeitig an anderer Stelle im Objekt eingesetzt zu werden.

Der zusätzliche Auf- und Abbau von Montagehilfen oder Gerüsten aus Gründen, die der Auftragnehmer nicht selbst zu verantworten hat, stellt ebenfalls eine Besondere Leistung dar.

4.2.27 **Maßnahmen zum Schutz vor ungeeigneten Bedingungen, die sich aus der Witterung oder dem Raumklima ergeben, nach Abschnitt 3.1.5.**

Hier wurde erneut ein Standardsatz entsprechend den Vorgaben des HAH verwendet. Die „ungeeigneten Bedingungen“ sind für jedes Gewerk separat zu betrachten und zu bewerten. Abschnitt 3.1.5 erwähnt beispielhaft den Einsatz von selbstklebenden Dichtbändern zur Luftleitungsmontage, die bei niedrigen Temperaturen oder hohen Luftfeuchten nur eingeschränkt möglich ist. Sollen die Montagearbeiten trotz widriger Temperatur- oder Feuchtewerte durchgeführt werden, könnte beispielsweise eine vorübergehende, provisorische Beheizung des Montageortes erforderlich sein, was als Besondere Leistung zu beschreiben ist.

4.2.28 **Maßnahmen für den Brand-, Schall-, Wärme-, Feuchte- und Strahlenschutz, soweit diese über die Leistungen nach Abschnitt 3 hinausgehen.**

Die Leistungen nach Abschnitt 3.2.9 beinhalten die Anforderungen der allgemein anerkannten Regeln der Technik für den Schallschutz. Bezüglich des Aufbringens von Dämmungen (auch gegen eine Taupunktunterschreitung) und der Durchführung von Brandschutzmaßnahmen wird in Abschnitt 3.2.10 nur auf eine hinreichende Platzreserve zur Durchführung dieser Leistungen hingewiesen. Die Arbeiten selbst sind entsprechend den Vorgaben aus DIN 18421 „Dämm- und Brandschutzarbeiten an technischen Anlagen“ durchzuführen. Zu Lieferungen und Leistungen, die aus Gründen des Strahlenschutzes erforderlich werden, werden keine Hinweise gegeben.

Sollen Leistungen über die nach Kapitel 3 beschriebenen Inhalte hinaus erbracht werden, bedürfen diese einer genauen Beschreibung im Leistungsverzeichnis. Insbesondere mögliche Maßnahmen hinsichtlich des Strahlenschutzes bedürfen in der Regel einer Fachplanung und können ohne eine umfängliche Beschreibung nicht kalkuliert werden.

4.2.29 **Reinigen des Untergrundes von grober Verschmutzung, z.B. Gipsreste, Mörtelreste, Farbreste, Öl, soweit diese nicht durch den Auftragnehmer verursacht wurde.**

Jeder Auftragnehmer ist gehalten, eine Verschmutzung der Baustelle oder der Leistung anderer Gewerke nach Möglichkeit zu vermeiden. Entsprechend Abschnitt 4.1.11 der DIN 18299 hat er den Abfall sowie Verunreinigungen aus seinem Bereich zu entsorgen. Daher kann davon ausgegangen werden, dass die Baustelle in einem dem Bautenstand entsprechenden, sauberen Zustand vorgefunden wird.

Sollte vor der Montage eine Reinigung des Untergrundes von Verschmutzungen, die Dritte verursacht haben, erforderlich sein, ist dies eine Besondere Leistung. Die Reinigung ist insbesondere dann erforderlich, wenn die zu reinigende Fläche durch montierte Anlagen oder Anlagenteile zu einem späteren Zeitpunkt nicht mehr zugängig ist oder die Einhaltung der Hygienevorgaben nach VDI 6022 ohne eine Reinigung nicht garantiert werden kann.

Der Text wurde als Standardtext durch den HAH vorgegeben und sofern erforderlich an die Belange der jeweiligen ATV, in den er übernommen wurde, angepasst.

4.2.30 Luftdichte Anschlüsse an angrenzende Bauteile.

Anforderungen an die Luftdichtheit von Gebäuden müssen auch bei der Montage von Raumlufttechnischen Anlagen berücksichtigt werden. Anforderungen an die Luftdichtheit können sich beispielsweise aus der Energieeinsparverordnung EnEV ergeben.

Der luftdichte Verschluss von Leitungsdurchführungen durch Wände oder Decken in angrenzende Bereiche hinein oder nach außen muss an die jeweils verwendeten Baumaterialien und die Konstruktion dieser Wände angepasst werden. Daher ist eine sorgfältige Planung und die genaue Beschreibung der Leistung erforderlich, weshalb der „luftdichte Anschluss“ als Besondere Leistung benannt wurde.

5 Abrechnung

Ergänzend zur ATV DIN 18299, Abschnitt 5, gilt:

Die bisherige Gliederung des Abschnitts 5 war eher unübersichtlich und in den verschiedenen ATVen unterschiedlich gestaltet. Dies hatte insbesondere für den Auftraggeber den Nachteil, dass er keine einheitlichen Abrechnungsstrukturen anwenden konnte und für jedes Gewerk unterschiedliche Vorgaben zu berücksichtigen hatte. So waren in 5.1 „Allgemeines“ bei einigen Gewerken beispielsweise Abrechnungs- und Übermessungsregelungen enthalten, die in weiteren Abschnitten des Kapitels ergänzt oder gar anderslautend angeführt wurden.

Der Hauptausschuss Hochbau hat daher nach Aufforderung des Deutschen Vergabe- und Vertragsausschusses für Bauleistungen (DVA) eine Neugliederung des Abschnittes 5 vorgenommen. Hierbei war die Zielsetzung, die unterschiedliche Vorgehensweise aller ATVen der VOB Teil C hinsichtlich der Abrechnungs- und Übermessungsregeln formal anzugleichen und in eine einheitliche Struktur zu bringen.

Die neue Gliederung sieht nun maximal die vier Abschnitte wie folgt vor:

- Abschnitt 5.1 Allgemeines
- Abschnitt 5.2 Ermittlung der Maße/Mengen
- Abschnitt 5.3 Übermessungsregeln
- Abschnitt 5.4 Einzelregelungen

Die folgende Kommentierung beinhaltet Erläuterungen zu den Inhalten der Abschnitte.

5.1 Allgemeines

Der Ermittlung der Leistung – gleichgültig, ob sie nach Zeichnung oder nach Aufmaß erfolgt – sind die Maße

- **der hergestellten Anlagen oder Anlagenteile zugrunde zu legen. Stücklisten dürfen hinzugezogen werden.**

Zur Leistungsermittlung sind die vereinfachenden Regeln, wie Übermessungsregeln und Einzelregelungen anzuwenden.

Zunächst wird für viele der ATVen des Bereiches Hochbau gleichlautend erläutert, was der Ermittlung der Leistung zugrunde zu legen ist. Dies sind die Maße der tatsächlich ausgeführten Anlagen. Die Leistung kann nach Zeichnung, anhand eines Aufmaßes oder durch eine Mischung beider Vorgehensweisen ermittelt werden. Stücklisten dürfen hinzugezogen werden, wobei nicht zwischen Stücklisten der Planung oder Listen, die während der Bauphase erstellt wurden, unterschieden wird. Die jeweils gewünschte Art der Leistungsermittlung sollte bereits im Vorfeld der Leistungserbringung zwischen Auftraggeber und Auftragnehmer vereinbart werden. Der Text wurde als Standardtext durch den HAH vorgegeben und sofern erforderlich an die Belange der jeweiligen ATV, in den er übernommen wurde, angepasst.

Diese Regelung weicht von den Inhalten der ATV DIN 18299 ab, welche zumindest bei Übereinstimmung von Zeichnungsinhalten und erbrachter Leistung eine Abrechnung nach Zeichnung bevorzugt.

Die nach Aufmaß oder Zeichnung aufgenommenen Mengen sollten in Analogie zum Leistungsverzeichnis mit gleichlautenden Titeln und Positionsnummern angegeben werden. Damit können sowohl die Rechnungslegung als auch die Rechnungsprüfung strukturierter erfolgen. Ausnahmen können bei geänderten und vertraglich neu vereinbarten Leistungen, welche im Nachgang zur Ausschreibung vereinbart wurden, auftreten. In diesem Fall sind die nachträglich formulierten Leistungen im Rahmen des Aufmaßes gesondert zu kennzeichnen.

Bei der Leistungsermittlung vor Ort kann es hilfreich sein, die Maße und Mengen gemeinsam mit dem Auftraggeber aufzunehmen und diese auf dem Aufmaßblatt vom Auftraggeber bestätigen zu lassen. Damit können die Grundlagen zur späteren Abrechnung bereits zu einem frühen Zeitpunkt einvernehmlich geklärt werden.

Bei der Leistungsermittlung nach Zeichnung sollte zunächst der als Grundlage der Mengenermittlung dienende Planstand vereinbart werden. Dabei muss es sich um einen Planstand handeln, der die tatsächlich installierten Anlagen und Anlagenteile enthält. Die Leistungsermittlung aus Zeichnungen ist für beide Vertragsparteien mit einer Vereinfachung verbunden. Der Zeit- und Arbeitsaufwand für die Ermittlung der erbrachten Leistungen vor Ort durch den Auftragnehmer sowie der Prüfung durch den Auftraggeber können dadurch reduziert werden.

5.2 Ermittlung der Maße/Mengen

Für die Ermittlung der im Rahmen der Rechnungslegung in Anrechnung zu bringenden Maße, Massen und Mengen, welche der Abrechnung zugrunde zu legen sind, gelten die in diesem Abschnitt beschriebenen Regelungen. Die Festlegung darüber, welche Bauteile nach Maß, Masse oder Menge abzurechnen sind, erfolgt bereits mit dem Leistungsverzeichnis. Dabei sind die Hinweise nach Abschnitt 0.5 hilfreich und sollten beachtet werden.

5.2.1 Bei Abrechnung nach Flächenmaß werden Luftleitungen und Luftleitungsformteile nach äußerer Oberfläche, ermittelt aus dem größten Umfang und der größten Länge, ohne Berücksichtigung der Wärmedämmung gerechnet.

Diese zunächst einleuchtend erscheinende Formulierung bedarf einiger Erläuterungen, um in der Praxis von Auftragnehmer und Auftraggeber einheitlich angewendet werden zu können. Diesem Umstand tragen die Inhalte dieser ATV DIN 18379, Tabelle 2 „Luftleitungen und deren Formteile, größte Umfänge, größte Längen und Flächen“ Rechnung. Für insgesamt 21 unterschiedliche Luftkanalstücke und Formteile werden genaue Berechnungsvorschriften zur Ermittlung der größten Umfänge und Längen für die Berechnung der in Anrechnung zu bringenden Fläche angegeben.

Ergänzend zu klären ist die Vorgehensweise für das Ermitteln der jeweiligen Leitungslänge von Luftleitungen bei Dimensions- oder Richtungswechseln. Dazu können die Inhalte von Bild 1 herangezogen werden. Dort ist beispielhaft eine eckige Luftleitung als Hauptleitung mit runden Verteilleitungen in verschiedenen Dimensionen angegeben. Die Vorgehensweise für die Ermittlung der Leitungslänge eckiger Luftleitungen erfolgt analog dazu.

Flächenbestimmung ∅ 300:

Zur Bestimmung der Länge des Rundrohres ∅ 300 werden die Strecken I und II addiert. Strecke I wird von Punkt 12 bis Punkt 11 gemessen. Hinzuaddiert wird die Strecke von Punkt 10 bis 9. Die so ermittelte Länge wird mit dem Umfang U des Rundrohres multipliziert. Dabei gilt:

$$U = 2 \times \pi \times r \tag{1}$$

mit U = Umfang; r = Radius

Die Einsteckmuffen des T-Stücks ∅ 300/200/300 und der Reduzierung ∅ 300/250 werden übermessen. Die Formteile können nach Stück abgerechnet oder nach Tabelle 2 berechnet werden. Dabei gilt für das T-Stück ∅ 300/200/300 Zeile 16 der Tabelle 2, für die Reduzierung Zeile 12 und für den Anschlussstutzen ∅ 300 an die eckige Luftleitung Zeile 5.

Flächenbestimmung ∅ 250:

Die Länge des Rundrohres ∅ 250 entspricht dem des Teilstücks III. Dessen Messung erfolgt von Punkt 8 bis Punkt 7, die Einsteckmuffen des T-Stücks ∅ 200/250/200 und der Reduzierung ∅ 300/250 werden übermessen.

Die ermittelte Länge wird mit dem Umfang U des Rundrohres multipliziert. Der Umfang wird nach Formel (1) berechnet. Die Formteile können nach Stück abgerechnet oder nach Tabelle 2 berechnet werden.

Flächenbestimmung ∅ 200:

Die Länge des Rundrohrs ∅ 200 ergibt sich aus der Addition der drei Teillängen IV bis VI. Teillänge IV wird gemessen von Punkt 1 bis Punkt 2, Teillänge V von Punkt 3 bis Punkt 4 und Teillänge VI von Punkt 5 bis Punkt 6. Die ermittelte Länge wird mit dem Umfang U des Rundrohres multipliziert. Der Umfang wird nach Formel (1) berechnet.

Die Einsteckmuffen der Tellerventile ∅ 200 und des T-Stücks ∅ 200/250/200 werden jeweils übermessen. Der Bogen ∅ 200 wird nach Stück oder nach Zeile 6 der Tabelle 2 berechnet.

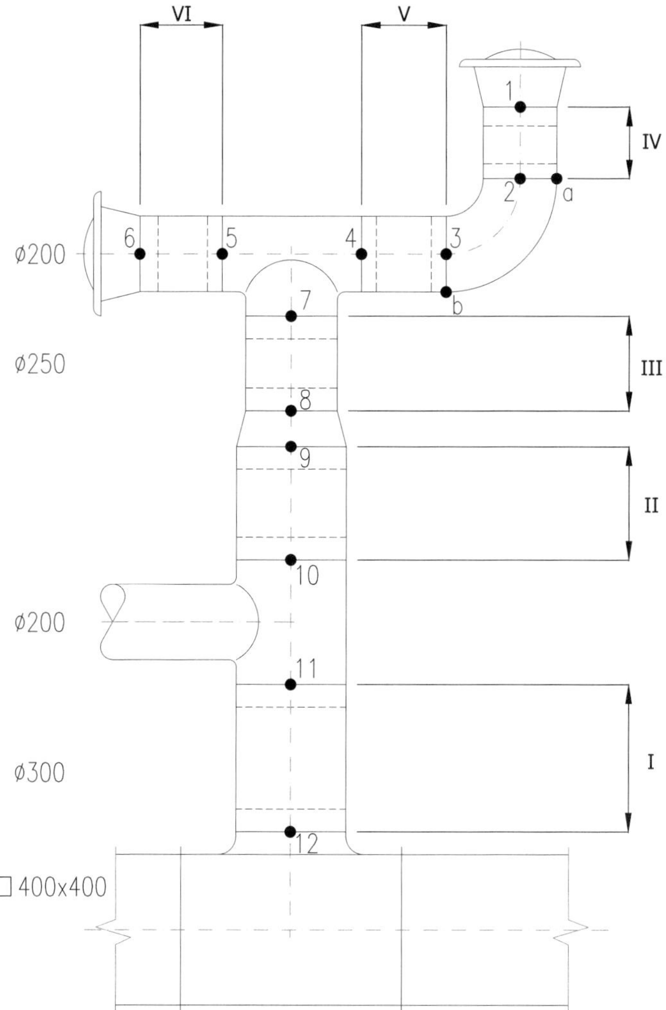

Bild 1: Maßbestimmung von Luftleitungen zur Abrechnung nach Fläche

Wird Tabelle 2 der ATV DIN 18379 auch für die Abrechnung der Leistungen des Luftleitungslieferanten an den Auftragnehmer verwendet, sollten trotz der teilweise komplexen Berechnungsgänge für einzelne Formteile keine nennenswerten Differenzen bei der Ermittlung der abzurechnenden Flächen zwischen dem Luftleitungslieferanten, dem Auftragnehmer und dem Auftraggeber entstehen.

Mit Tabelle 1 „Abrechnungsgruppen“ in Abschnitt 0.5 wird eine vereinfachte Abrechnung der Luftleitungen und Formteile angeboten, denen sich der Ausschreibende bedienen kann. Durch das Zusammenfassen der Oberflächen in diesen, nach der jeweiligen Kantenlänge unterteilten Gruppen für Luftleitungen und Formteile, kann sich die Anzahl der Einzelpositionen erheblich reduzieren.

5.2.2 Bei Abrechnung nach Längenmaß werden Luftleitungen in der Mittelachse gemessen. Dabei werden Bögen bis zum Schnittpunkt der Mittelachsen gemessen. Bögen und sonstige Formteile werden zusätzlich gerechnet. Deckel von Öffnungen werden zusätzlich gerechnet.

Sollen die Luftleitungen nach Längenmaß abgerechnet werden, sind diese Leitungen bei Richtungsänderungen jeweils bis zum Schnittpunkt der Mittelachsen zu messen. Die bei der Installation verwendeten Formteile wie z. B. Reduzierungen, Abzweige oder T-Stücke werden übermessen. Vorhandene Formteile wie Bögen oder Reduzierungen und Deckel werden zusätzlich als Einzelbauteile aufgenommen und abgerechnet. Die Abrechnung der Formteile kann nach Stück oder entsprechend den Vorgaben in Tabelle 2 erfolgen. In den Leitungsverlauf integrierte Komponenten wie Wärmeübertrager oder endständige Filter werden nicht übermessen.

Bei einer Abrechnung nach Stück sind die Bauteile wie Bögen, T-Stücke oder Sattelstutzen getrennt nach ihrer Art, der Nennweite sowie sonstige sie unterscheidende Kriterien aufzuteilen und entsprechend auszuschreiben. Eine Aufteilung nach den Gruppen F 1 bis F 5 entsprechend Tabelle 1 der ATV DIN 18379 ist möglich.

Bild 2 gibt Hinweise zur Ermittlung der Längen, die bei der Abrechnung nach Längenmaß in Anrechnung kommen.

Längenmaß ∅ 300:

Zur Bestimmung der Länge des Rundrohres ∅ 300 wird die Strecke I ermittelt. Diese wird von Punkt 6 bis Punkt 5 gemessen, wobei an Punkt 6 die Messung an dem Aufsatz des Rundrohres auf die eckige Luftleitung begonnen wird. Das T-Stück ∅ 300/200/300 und die Reduzierung ∅ 300/250 werden übermessen. Die Formteile können nach Stück abgerechnet oder nach Tabelle 2 berechnet werden.

Längenbestimmung ∅ 250:

Die Länge des Rundrohres ∅ 250 entspricht dem Teilstück II. Deren Messung erfolgt von Punkt 5 bis Punkt 3, dem Schnittpunkt der Mittellinie ∅ 250 mit der Mittellinie des Rundrohres ∅ 200.

Längenbestimmung ∅ 200:

Die Länge des Rundrohrs ∅ 200 ergibt sich aus der Addition der drei Teillängen III bis V. Teillänge III wird von Punkt 1 bis Punkt 2 gemessen, dem Schnittpunkt der Mittellinien des Bogens ∅ 200. Die Teillängen IV und V können von Punkt 2 bis Punkt 4 zu einer Teillänge übermessen werden. Der Bogen ∅ 200 und das T-Stück werden übermessen. Die Tellerventile ∅ 200 werden nach Stück abgerechnet, Bogen ∅ 200 sowie T-Stück ∅ 200/250/200 können nach Stück oder nach Zeile 6 bzw. 16 der Tabelle 2 berechnet werden.

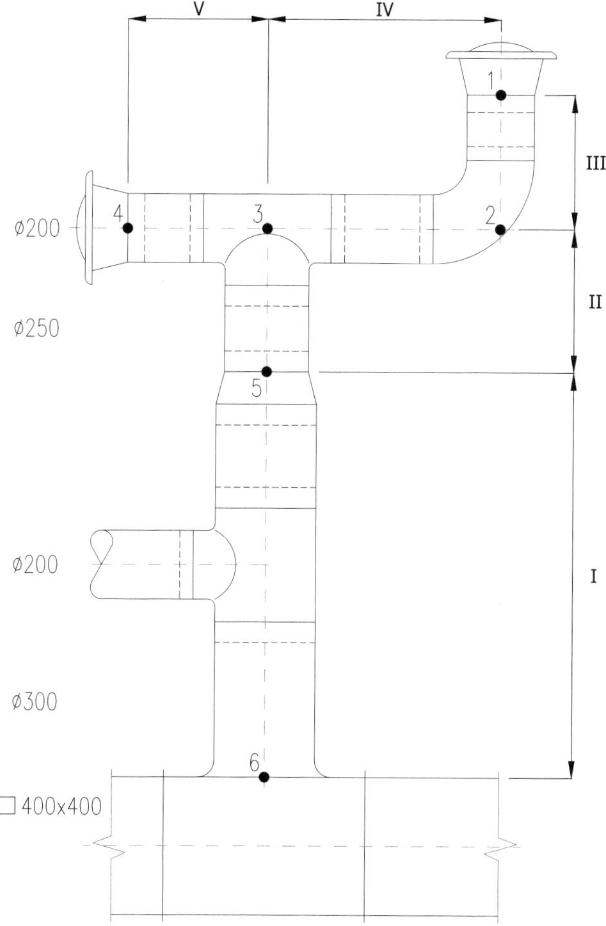

Bild 2: Maßbestimmung von Luftleitungen zur Abrechnung nach Länge

5.2.3 Bei Abrechnung nach Masse ist diese nach folgenden Grundsätzen zu berechnen:

5.2.3.1 Es sind anzusetzen:

- bei Stahlblechen und Bandstahl 7,85 kg/m^2 je 1 mm Dicke,
- bei genormten Profilen die Masse nach den Angaben in den DIN-Normen,
- bei anderen Profilen die Masse nach den Angaben in den Profilbüchern der Hersteller.

Die Gewichtsangabe für Stahlbleche und Bandstähle wurde, im Vergleich zur Ausgabe VOB 2012, von 8,00 kg/m^2 je 1 mm Dicke auf 7,85 kg/m^2 je 1 mm Dicke geändert. Grund hierfür ist eine Angleichung an die zwischenzeitlich ebenfalls überarbeiteten ATV DIN 18360 „Metallbauarbeiten" Abschnitt 5.1.6. Die nun gewählten Werte basieren auf einer Dichte eines Stahls von 7,85 kg/dm^3 und einem Volumen von 1 dm^3 (Platte von 1 m^2 Fläche und einer Stärke von 1 mm). Die Forderungen nach einem Aufschlag von 2 % für Walztoleranzen bei genormten Profilen ist entfallen.

Die Einheitspreise für Stahlbleche, Bandstähle und Normprofile sollten vor Abgabe des Kostenangebotes überprüft und gegebenenfalls entsprechend angepasst werden. Bei der Ermittlung der Masse zum Zwecke der Abrechnung bleiben Aufschläge zukünftig unberücksichtigt.

Eine Abrechnung nach tatsächlicher, gewogener Masse kann ebenfalls vereinbart werden, sofern diese Massenermittlung für die zumeist ortgefertigten Konstruktionen möglich ist.

5.2.3.2 Bei der Berechnung der Masse bleiben unberücksichtigt: Verbindungsmittel, z. B. Schrauben, Niete, Schweißgut.

Eine weitere Änderung ergibt sich hinsichtlich der Abrechnung von Verbindungsarten für Konstruktionen. Wurde in der Ausgabe VOB 2012 noch gefordert, dass bei geschraubten, geschweißten oder genieteten Konstruktionen auf die nach 5.2.3 ermittelten Masse 2 % für die Verbindungsmittel aufgeschlagen werden, ist diese Regelung inzwischen entfallen. Kosten für Verbindungsmittel sind daher in die Einheitspreise einzukalkulieren, diese sollten entsprechend überprüft und gegebenenfalls angepasst werden.

5.2.3.3 Bei verzinkten Bauteilen oder verzinkten Konstruktionen werden den Massen, die nach den zuvor genannten Grundsätzen ermittelt wurden, 5 % aufgrund der Gewichtszunahme durch das Verzinken zugeschlagen.

Unverändert übernommen wurde die Regelung, für verzinkte Bauteile auf die ermittelten Massen 5 % für das durch den Zinküberzug höhere Gewicht des verarbeiteten Materials aufzuschlagen. Der klärende Zusatz, dass dies aufgrund der Gewichtszunahme des Verzinkens geschieht, wurde ergänzt.

5.3 Übermessungsregeln

Übermessen werden:

Die Übermessungsregeln wurden aus der Fassung VOB 2012 inhaltlich gleich übernommen, nun jedoch zusammengefasst UND als eigenständiger Punkt in die DIN 18379 aufgeführt.

Die Übermessungsregelungen stellen eine Vereinfachung der Abrechnung dar: Diese Regelungen sollten keinen Einfluss auf die Angebotssumme haben, da sie bei der Ermittlung der Einheitspreise ebenfalls berücksichtigt werden.

5.3.1 Ausschnitte für Luftdurchlässe und Stutzen.

Die Ausschnitte an Luftleitungen werden in der Regel vor Ort hergestellt und auf die jeweilige örtliche Situation angepasst. Daher werden die Luftleitungen häufig ohne solche Ausschnitte hergestellt und angeliefert. Stutzen und Luftdurchlässe werden einzeln abgerechnet, das Herstellen der Ausschnitte kann daher in deren Einheitspreise einbezogen werden. Das Übermessen von Stutzen und Ausschnitten erlaubt zudem ein schnelleres Vorgehen bei der Aufmaßerfassung.

5.3.2 Bei Abrechnung nach Längenmaß
- Bögen,
- Formteile und
- Verbindungsstücke.

Das Übermessen von Bögen oder Formteilen stellt ebenfalls eine deutliche Erleichterung bei der Aufmaßerfassung dar. Die Vorgehensweise zur Übermessung ist exemplarisch im Kommentar zu den Abschnitten 5.2.1 und 5.2.2 erläutert.

5.4 Einzelregelungen

Formteile nach Tabelle 2 sowie Formteile der Abrechnungsgruppen F 1 bis F 5 nach Tabelle 1 (siehe Abschnitt 0.5.1) mit einer ermittelten Oberfläche von $< 1\ m^2$ werden mit $1\ m^2$ gerechnet, Formteile mit Kurzzeichen SR nur bei einer Länge ≤ 500 mm.

Mit diesen Einzelregelungen soll erreicht werden, dass kleinformatige Formteile in Luftleitungen nicht einzeln vermessen und abgerechnet werden müssen. Damit wird nicht nur das Erstellen der Leistungsbeschreibung vereinfacht, auch ein unverhältnismäßig hoher Aufwand bei der Aufmaßerfassung und der Aufmaßprüfung, der dem Materialwert dieser Bauteile nicht angemessen wäre, wird vermieden.

Zur Ermittlung von Umfang und Länge sind die Formeln der Tabelle 2 anzuwenden.

Tabelle 2: Luftleitungen und deren Formteile, größte Umfänge, größte Längen und Flächen

Maße in Millimeter

Lfd. Nr.	Benennung Kurzzeichen Größe[a]	Darstellung, Maße Schnitt	 Ansicht von links	Größter Umfang U_{max}[b]	Größte Länge *a* bis *c* bzw. ∅ *d* l_{max}[b]
1	Luftleitung L $l > 900$	*l*	*b*, *a*	$2(a+b)$	***l*** **bei Passlängen:** $l + 200$
2	Luftleitung in Trapezform TL $f = f_{max}$	*l*	*f*, *c*, *b*, *a*	$a + c + \sqrt{b^2 + f^2} + \sqrt{(a - c - f)^2 + b^2}$	***l***
3	Luftleitungs-teil LT $l \leq 900$	*l*	*b*, *a*	$2(a+b)$	***l***
4	Übergangs-stutzen SU $l \leq 900$ $c = a$	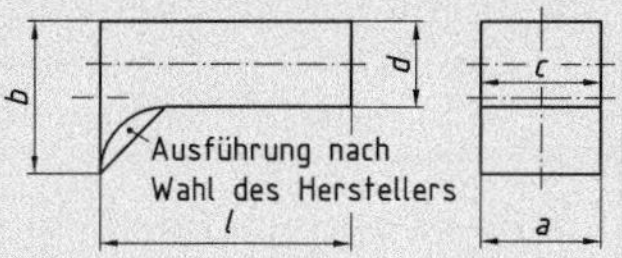 *b*, *d*, *l* Ausführung nach Wahl des Herstellers	*c*, *a*	$2(a+b)$	$\sqrt{\left(l^2 + (b - d)^2\right)}$
5	Stutzen, rund SR $l \leq 500$	*l*	*d*	πd	***l***

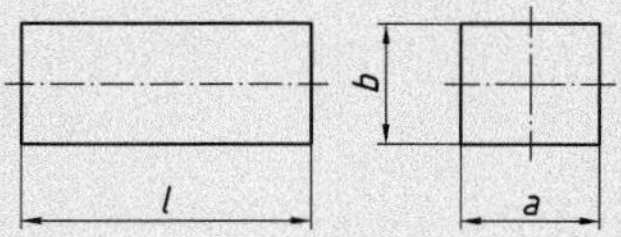

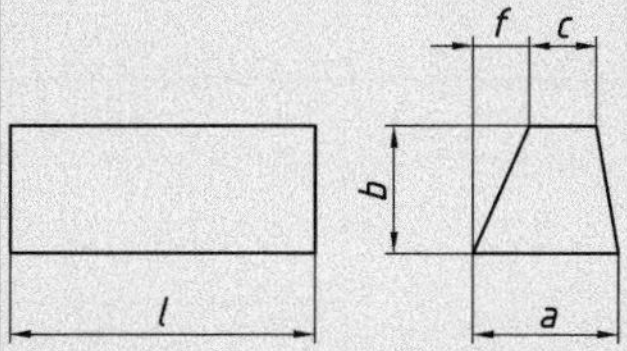

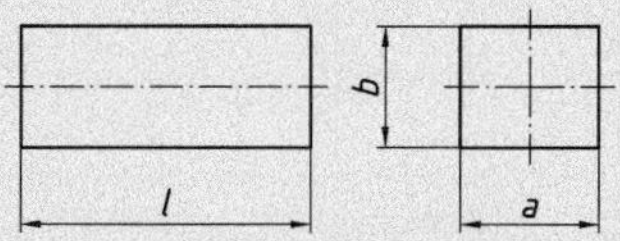

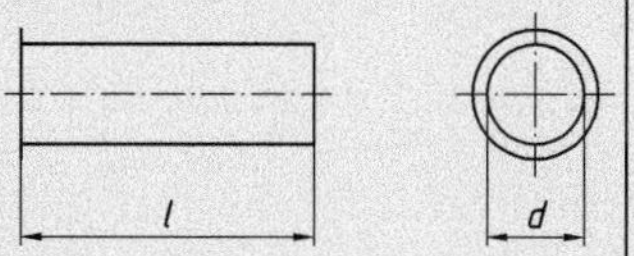

Tabelle 2 *(fortgesetzt)*

Maße in Millimeter

Lfd. Nr.	Benennung Kurzzeichen Größe[a]	Darstellung, Maße Schnitt / Ansicht von links	Größter Umfang U_{max}[b]	Größte Länge a bis c bzw. Ø d l_{max}[b]
6	Bogen, symmetrisch BS $e \leq 500$ $f \leq 500$	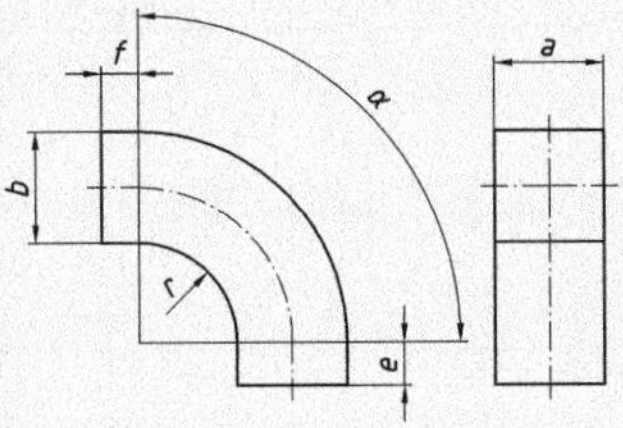 f, α, a, b, r, e	$2(a+b)$	$\frac{\alpha\pi(r+b)}{180}+e+f$
7	Bogen-übergang BA $c=a$ $e \leq 500$ $f \leq 500$	f, α, a, b, r, e, d, c	Bedingung $b \geq d$:	
			$2(a+b)$	$\frac{\alpha\pi(r+b)}{180}+e+f$
			Bedingung $b < d$:	
			$2(c+d)$	$\frac{\alpha\pi(r+d)}{180}+e+f$
8	Winkel (Knie), symmetrisch WS $r=0$[c] $e \leq 500$ $f \leq 500$	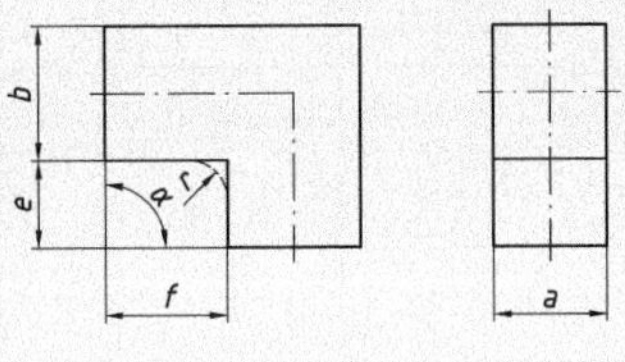 b, e, α, r, f, a	$2(a+b)$	$2b+e+f$

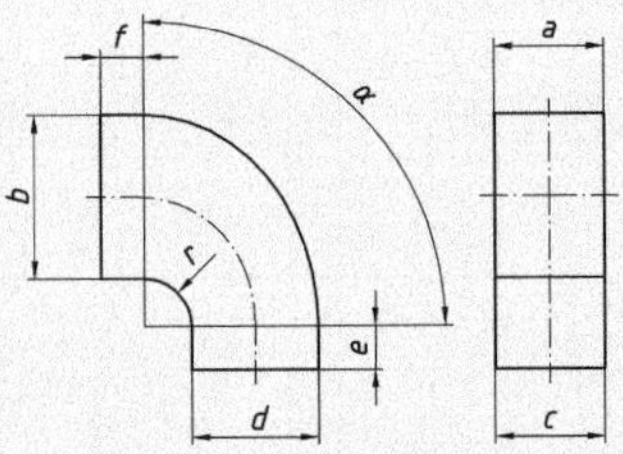

Tabelle 2 *(fortgesetzt)*

Maße in Millimeter

Lfd. Nr.	Benennung Kurzzeichen Größe[a]	Darstellung, Maße (Schnitt / Ansicht von links)	Größter Umfang U_{max}[b]	Größte Länge a bis c bzw. ∅ d l_{max}[b]
9	Winkel-(Knie-)übergang WA $r = 0$[c] $e \leq 500$ $f \leq 500$	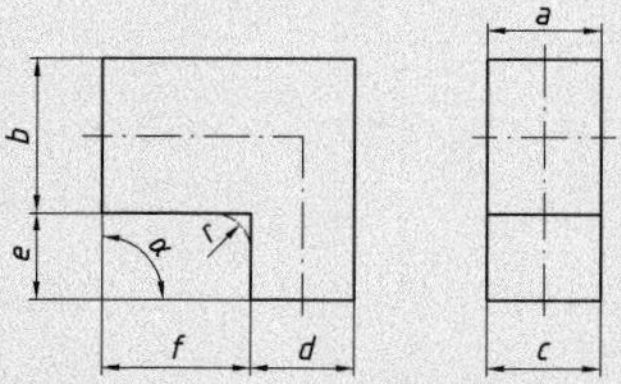	Bedingung $b \geq d$: $2(a+b)$	$b+d+e+f$
			Bedingung $b < d$: $2(c+d)$	$b+d+e+f$
10	d Übergang, symmetrisch US $e = \frac{b-d}{2}$ $f = \frac{a-c}{2}$	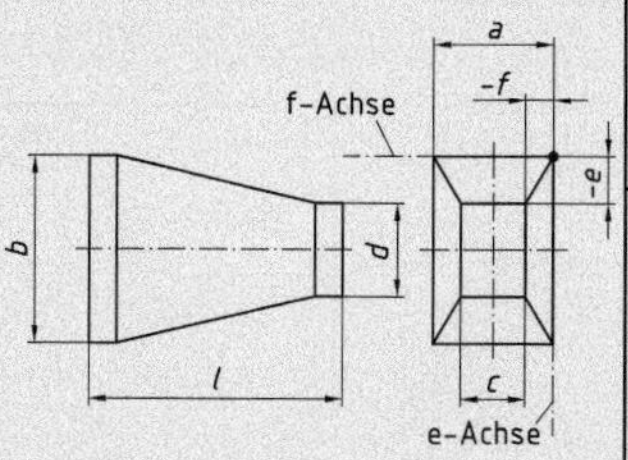	Bedingung $a+b \geq c+d$: $2(a+b)$	Bedingung $e \geq f$: $\sqrt{(l^2+e^2)}$
			Bedingung $a+b < c+d$: $2(c+d)$	Bedingung $e < f$: $\sqrt{(l^2+f^2)}$
11	d Übergang, asymmetrisch UA	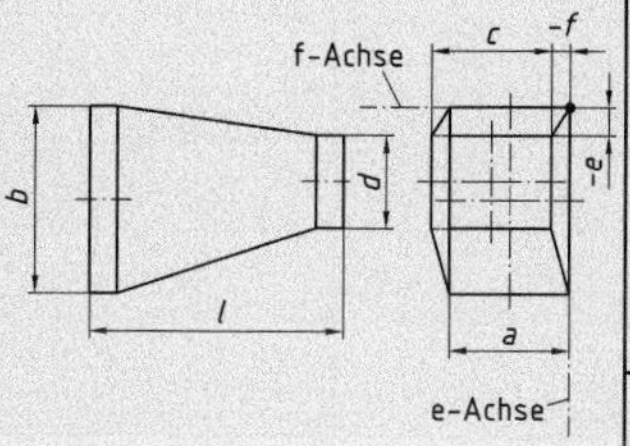	Bedingung $a+b \geq c+d$: $2(a+b)$	Bedingung $b-d+e \geq e$: $\sqrt{l^2+(b-d+e)^2}$
				Bedingung $b-d+e < e$: $\sqrt{(l^2+e^2)}$
			Bedingung $a+b < c+d$: $2(c+d)$	Bedingung $a-c+f \geq f$: $\sqrt{l^2+(a-c+f)^2}$
				Bedingung $a-c+f < f$: $\sqrt{(l^2+f^2)}$

Tabelle 2 *(fortgesetzt)*

Maße in Millimeter

Lfd. Nr.	Benennung Kurzzeichen Größe[a]	Darstellung, Maße (Schnitt / Ansicht von links)	Größter Umfang U_{max}[b]	Größte Länge a bis c bzw. Ø d l_{max}[b]
12	d Rohrübergang, symmetrisch RS $e = \frac{b-d}{2}$ $f = \frac{a-d}{2}$	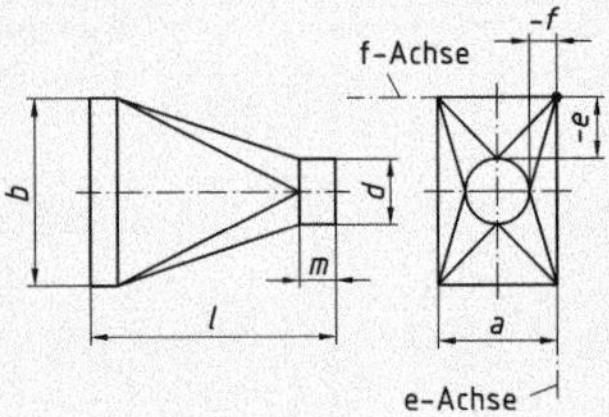 f-Achse, -f, -e, b, d, m, l, a, e-Achse l_p nach DIN EN 1506	Bedingung $a + b \geq \frac{\pi d}{2}$: $2(a+b)$	**Bedingung** $e \geq f$: $\sqrt{(l^2 + e^2)}$
			Bedingung $a + b < \frac{\pi d}{2}$: πd	**Bedingung** $e < f$: $\sqrt{(l^2 + f^2)}$
13	d Rohrübergang, asymmetrisch RA	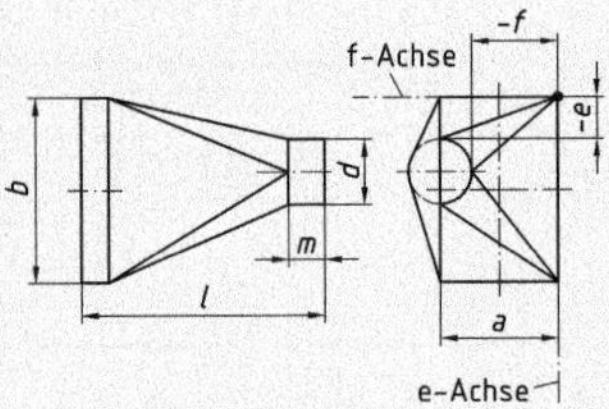 f-Achse, -f, -e, b, d, m, l, a, e-Achse l_p nach DIN EN 1506	Bedingung $a + b \geq \frac{\pi d}{2}$: $2(a+b)$	**Bedingung** $b - d + e \geq e$: $\sqrt{l^2 + (b-d+e)^2}$
				Bedingung $b - d + e < e$: $\sqrt{(l^2 + e^2)}$
			Bedingung $a + b < \frac{\pi d}{2}$: πd	**Bedingung** $a - d + f \geq f$: $\sqrt{l^2 + (a-d+f)^2}$
				Bedingung $a - d + f < f$: $\sqrt{(l^2 + f^2)}$
14	d Etage, symmetrisch ES $f = 0$	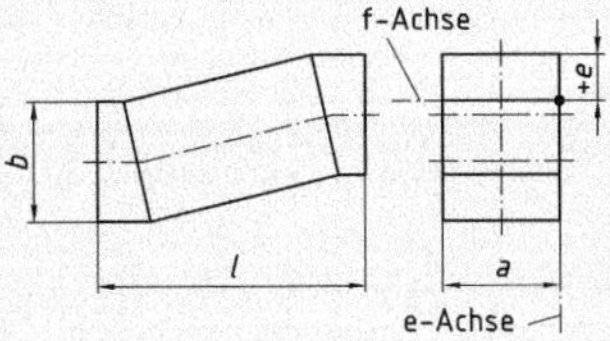 f-Achse, +e, b, l, a, e-Achse	$2(a+b)$	$\sqrt{(l^2 + e^2)}$

Tabelle 2 *(fortgesetzt)*

Maße in Millimeter

Lfd. Nr.	Benennung Kurzzeichen Größe[a]	Darstellung, Maße (Schnitt / Ansicht von links)	Größter Umfang U_{max}[b]	Größte Länge a bis c bzw. $\varnothing d$ l_{max}[b]
15	d Etagenübergang EA $c = a$ $f = 0$	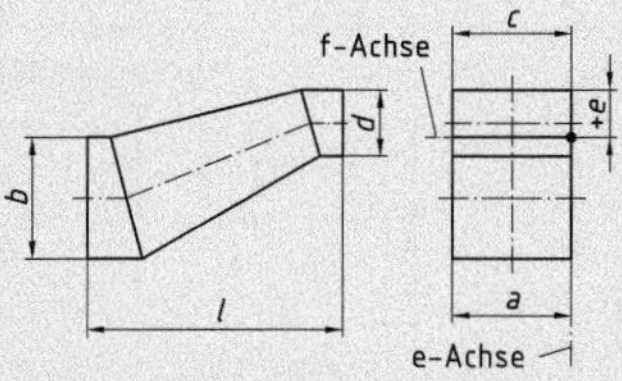 f-Achse; e-Achse; b, d, l, c, e, a	Bedingung $b \geq d$: $2(a + b)$	**Bedingung** $\boldsymbol{b - d + e \geq e}$: $\sqrt{l^2 + (b - d + e)^2}$
			Bedingung $b < d$: $2(c + d)$	**Bedingung** $\boldsymbol{b - d + e < e}$: $\sqrt{(l^2 + e^2)}$
16	T-Stück, oben gerade TG $g = c = a$	l, b, d, m, r, n, h, c, a, g	**a) durchgehendes Teil**	
			Bedingung $a + b \geq c + d$: $2(a + b)$	l
			Bedingung $a + b < c + d$: $2(c + d)$	
			b) abzweigendes Teil	
			$2(g + h)$	**Bedingung** $\boldsymbol{d + m - b \geq m}$: $\boldsymbol{d + m - b}$
				Bedingung $\boldsymbol{d + m - b < m}$: $\boldsymbol{m}$
			Die Oberflächen aus a) und b) werden addiert.	

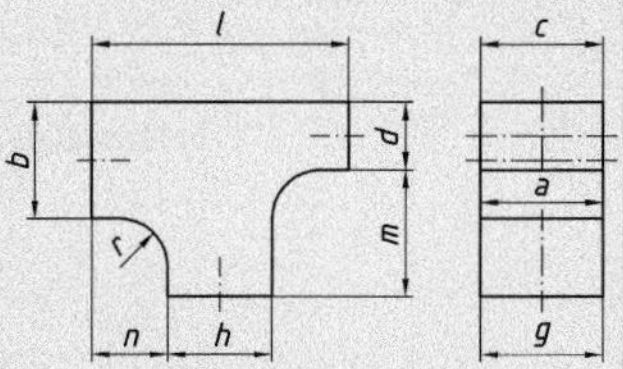

Tabelle 2 *(fortgesetzt)*

Maße in Millimeter

Lfd. Nr.	Benennung Kurzzeichen Größe[a]	Darstellung, Maße Schnitt / Ansicht von links	Größter Umfang U_{max}[b]	Größte Länge *a* bis *c* bzw. ∅ *d* l_{max}[b]
17	d T-Stück, oben schräg TA $g = c = a$	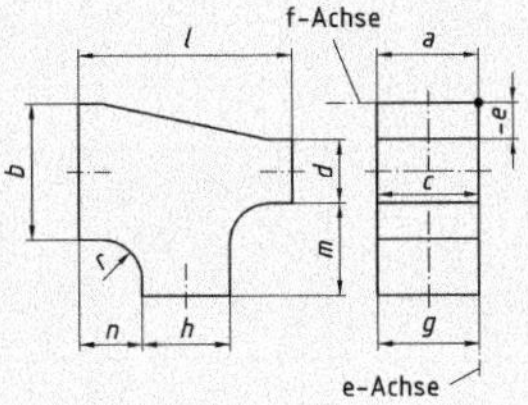 	**a) durchgehendes Teil** Bedingung $b \geq d$: $2(a + b)$ Bedingung $b < d$: $2(c + d)$	$\sqrt{(l^2 + e^2)}$
			b) abzweigendes Teil $2(g + h)$	**Bedingung $d + m - b - e \geq m$:** $d + m - b - e$ **Bedingung $d + m - b - e < m$:** m
			Die Oberflächen aus a) und b) werden addiert.	
18	d Hosenstück HS $g = c = a$ $f = 0$ $m \geq 2$ Flanschhöhe	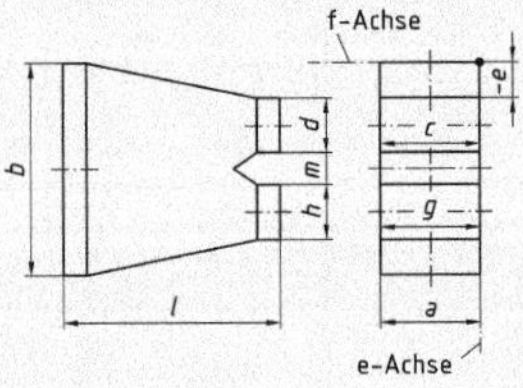 	Bedingung $b \geq d + m + h$: $2(a + b)$ Bedingung $b < d + m + h$: $2(c + d + m + h)$	**Bedingung $b - h - m - d + e \geq e$:** $\sqrt{l^2 + (b - h - m - d + e)^2}$ **Bedingung $b - h - m - d + e < e$:** $\sqrt{(l^2 + e^2)}$

Tabelle 2 *(fortgesetzt)*

Maße in Millimeter

Lfd. Nr.	Benennung Kurzzeichen Größe[a]	Darstellung, Maße (Schnitt / Ansicht von links)	Flächenmaß A
19	Boden BO	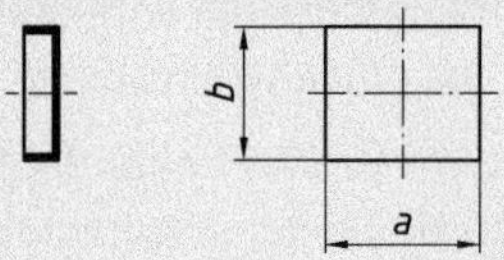 b; a	$a \cdot b$
20	Trennblech TR	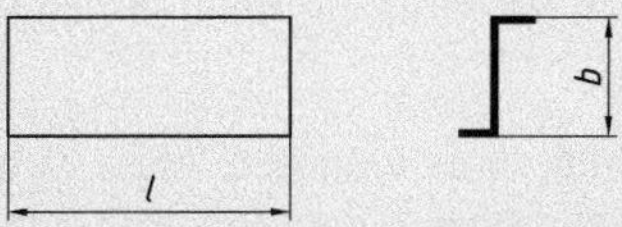 l; b	$b \cdot l$
		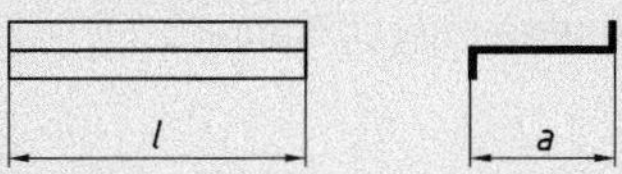 l; a	$a \cdot l$
21	Leitblech LB	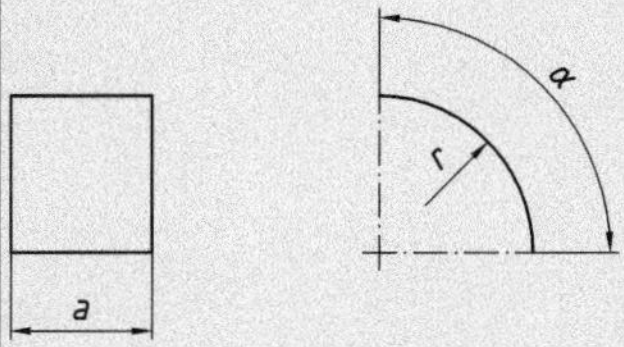 a; α; r	$\frac{\alpha \cdot \pi \cdot r}{180} \cdot a$ **In die Abrechnung gehen nur die Leitbleche ein, deren Stückzahl größer ist als nachfolgend angegeben:** Kantenlänge b (Formteil): mm — **Leitbleche Anzahl** 400 bis 800 — **1** über 800 bis 1 600 — **2** über 1 600 (nach DIN EN 1505) — **3**
Kombiteil KO		Kombination z. B. von Luftleitung und Formteil oder von Formteilen untereinander, werkseitig auf einen Rahmen montiert und als einzelnes Teil geliefert.	**Die Oberfläche wird durch Addition der Oberflächen der zur Kombination gehörenden Teile ermittelt.**
Sonder-Formteil SO		Formteile, die sich aufgrund ihrer Bauform nicht in die Tabelle einreihen lassen.	**Die Oberfläche ist in Anlehnung an vorstehende Formeln zu ermitteln.**
Schiebestutzen, Luftdurchlassstutzen, Luftdurchlasskästen, Ausschnitte für Luftdurchlässe, Öffnungen und Deckel für technische und hygienische Arbeiten in Luftleitungssystemen.			**Die Abrechnung ist nach Anzahl (St) vorzunehmen.**

[a] **Für Luftleitungen L (l > 900) gelten die Abrechnungsgruppen L, für alle anderen Bauteile die Abrechnungsgruppen F 1 bis F 5 der Tabelle 1 (abgedruckt bei Abschnitt 0.5.1).**

[b] **Sind für Umax und $l$max mehrere Rechenformeln angegeben, so sind für die Berechnung der Oberfläche die Formeln anzuwenden, die die größten Maße für U und l ergeben.**

[c] **Wenn nicht besonders angegeben.**

[d] **Der Koordinatenmittelpunkt liegt immer in der rechten oberen Ecke des linken Querschnitts. Beim Ergebnis der Vergleichsbedingungen sind die errechneten Werte ohne Vorzeichen zu verwenden.**

Eine nähere Erläuterung oder Kommentierung dieser Tabelle ist nicht erforderlich, da die Ermittlung der Umfänge und Flächen auf Grundlage nachvollziehbarer mathematischer Berechnungen für geometrische Körper beruht.

Gegenüber der Ausgabe VOB 2012 wurden in Zeile 21 Anzahl und Aufteilung der Leitbleche an die Vorgaben der DIN EN 1505 angepasst. In den Zeilen 7 und 21 mussten Korrekturen an den Berechnungsformeln vorgenommen werden. Dort waren die Formeln bislang fälschlich um einen Winkel α ergänzt.

Ein Großteil der Luftleitungsanbieter verwendet heute die Berechnungsmethoden nach dieser Tabelle für die Ermittlung der abzurechnenden Flächen. Die Formeln sind in den EDV-gestützten Rechenprogrammen hinterlegt und können so einfach verwendet werden.

Zwischenzeitlich wurde die Tabelle, von wenigen Anpassungen abgesehen, inhaltsgleich auch in ATV DIN 18425 „Dämm- und Brandschutzarbeiten an technischen Anlagen" für die Berechnungen aufgenommen.

Anhang: Gegenüberstellung ATV DIN 18379 aus VOB 2016 und 2012

Hinweis: Abschnitte, die mit wenigen Änderungen in die VOB 2016 übernommen wurden, sind in der folgenden Aufstellung auf gleicher Höhe aufgeführt. Abschnitte, die deutlich geändert wurden oder für die kein vergleichbarer Abschnitt existiert, werden einzeln aufgeführt. Die Reihenfolge wird durch die VOB 2016 vorgegeben. Änderungen, die sich eventuell bereits durch die Änderung einzelner Worte ergeben, wurden in **Fettschrift** dargestellt. Änderungen, die vom Autor im Wesentlichen als redaktionell eingestuft wurden, wurden nicht gekennzeichnet. Die Bezugsquellen für Normen, Richtlinien oder Gesetzestexte wurden nicht übernommen, um die Übersicht zu wahren.

ATV DIN 18379, September 2016		ATV DIN 18379, September 2012	
Abschnitt	**Text**	**Abschnitt**	**Text**
0	Hinweise für das Aufstellen der Leistungsbeschreibung Diese Hinweise ergänzen die ATV DIN 18299 „Allgemeine Regelungen für Bauarbeiten jeder Art“, Abschnitt 0. Die Beachtung dieser Hinweise ist Voraussetzung für eine ordnungsgemäße Leistungsbeschreibung gemäß ***§§ 7 ff., §§ 7 EU ff.*** beziehungsweise ***§§ 7 VS ff. VOB/A.*** Die Hinweise werden nicht Vertragsbestandteil. In der Leistungsbeschreibung sind nach den Erfordernissen des Einzelfalls insbesondere anzugeben:	**0**	Hinweise für das Aufstellen der Leistungsbeschreibung Diese Hinweise ergänzen die ATV DIN 18299 „Allgemeine Regelungen für Bauarbeiten jeder Art“, Abschnitt 0. Die Beachtung dieser Hinweise ist Voraussetzung für eine ordnungsgemäße Leistungsbeschreibung gemäß § 7, § 7 EG bzw. § 7 VS VOB/A. Die Hinweise werden nicht Vertragsbestandteil. In der Leistungsbeschreibung sind nach den Erfordernissen des Einzelfalls insbesondere anzugeben:
0.1	Angaben zur Baustelle	**0.1**	Angaben zur Baustelle
0.1.1	Hauptwindrichtung	**0.1.1**	Hauptwindrichtung
0.1.2	Ausbildung von Baugruben	**0.1.2**	Ausbildung von Baugruben.
0.1.3	Bebauung der Umgebung	**0.1.3**	Bebauung der Umgebung
0.1.4	Art der Abdichtung von Bauwerken und Bauwerksteilen, z. B. Wannenausbildung von Kellern.	**0.1.4**	Art der Abdichtung von Bauwerken und Bauwerksteilen, z. B. Wannenausbildung von Kellern.
0.1.5	Aufbau der Fußboden- und Dachkonstruktion, Dämmung und Abdichtung.	**0.1.5**	Aufbau der Fußboden- und Dachkonstruktion, Dämmung und Abdichtung.
0.1.6	Art und Umfang der Schutzmaßnahmen gemäß VDE-***Bestimmungen***.	**0.1.6**	Art und Umfang der Schutzmaßnahmen gemäß VDE-Richtlinien.
0.1.7	Art, Lage, Maße und Ausbildung sowie Termine des Auf- und Abbaus von bauseitigen Gerüsten.	**0.1.7**	Art, Lage, Maße und Ausbildung sowie Termine des Auf- und Abbaus von bauseitigen Gerüsten.
0.1.8	***Art und Lage der für Ablaufstellen zur Verfügung stehenden Entwässerungsstellen.***		

ATV DIN 18379, September 2016		ATV DIN 18379, September 2012	
Abschnitt	**Text**	**Abschnitt**	**Text**
0.2	Angaben zur Ausführung	**0.2**	Angaben zur Ausführung
0.2.1	***Anzahl, Art, Lage, Maße, Stoffe und Ausbildung der herzustellenden Anlagen.***		
0.2.2	Umfang der vom Auftragnehmer vorzunehmenden Installation der anlageninternen elektrischen Leitungen einschließlich Auflegen auf die Klemmen.	**0.2.1**	Umfang der vom Auftragnehmer vorzunehmenden Installation der anlageninternen elektrischen Leitungen einschließlich Auflegen auf die Klemmen.
0.2.3	***Art und Bedarfe, z. B. thermischer Energiebedarf, anderer,*** nicht zur vertraglichen Leistung gehörender Komponenten.	**0.2.2**	Art und Kälteleistungsbedarf anderer, nicht zur vertraglichen Leistung gehörender Kälteverbraucher.
0.2.4	Geforderte Druckstufen und Dichtheitsklassen für Luftleitungssysteme.	**0.2.3**	Geforderte Druckstufen und Dichtheitsklassen für Luftleitungssysteme.
0.2.5	Anzahl, Art, und Maße von Öffnungen und deren Deckel für technische und hygienische Arbeiten im Luftleitungsnetz.	**0.2.4**	Anzahl, Art und Maße von Öffnungen und deren Deckel für technische und hygienische Arbeiten im Luftleitungsnetz.
0.2.6	Beibringen von Genehmigungen, Prüfungen und Abnahmen, ***z. B. Verwendbarkeitsnachweise.***	**0.2.5**	Beibringen von Genehmigungen, Prüfungen und Abnahmen, z. B. Prüfzeugnisse für Brandschutzklappen.
0.2.7	Anzahl, Art und Maße von Mustern und Musterkonstruktionen. Ort der Anbringung.	**0.2.6**	Anzahl, Art und Maße von Mustern und Musterkonstruktionen. Ort der Anbringung.
0.2.8	Art und Umfang von ***Leistungen für den Winterbau***.	**0.2.7**	Art und Umfang von Winterbaumaßnahmen
0.2.9	Schutz von Bau- und Anlagenteilen, Einrichtungsgegenständen und dergleichen.	**0.2.8**	Schutz von Bau- und Anlagenteilen, Einrichtungsgegenständen und dergleichen.
0.2.10	***Besondere Anforderungen an Wand- und Deckendurchführungen.***		

ATV DIN 18379, September 2016		ATV DIN 18379, September 2012	
Abschnitt	**Text**	**Abschnitt**	**Text**
0.2.11	Anforderungen an den Brand-, Schall-, Wärme-, Feuchte- und Strahlenschutz, ***Energieeffizienz*** sowie an die Luftdichtheit der Gebäudehülle. Art und Umfang erforderlicher ***Leistungen***.	**0.2.9**	Anforderungen an den Brand-, Schall-, Wärme-, Feuchte- und Strahlenschutz sowie an die Luftdichtheit der Gebäudehülle. Art und Umfang erforderlicher Maßnahmen.
0.2.12	Anforderungen an die auf dem Rohfußboden zu verlegenden Leitungen.	**0.2.10**	Anforderungen an die auf dem Rohfußboden zu verlegenden Leitungen.
0.2.13	Art und Umfang ***von Leistungen zur*** Schaffung von Zonen mit ***unterschiedlichen raumklimatischen Anforderungen.***	**0.2.11**	Art und Umfang von Maßnahmen zur Schaffung von Zonen mit besonderem Raumklima.
0.2.14	Besondere physikalischen, chemische ***und biologische*** Beanspruchungen, denen Stoffe und Bauteile nach dem Einbau ausgesetzt sind, z. B. aggressive Dämpfe.	**0.2.12**	Besondere physikalische, chemische Beanspruchungen, denen Stoffe und Bauteile nach dem Einbau ausgesetzt sind, z. B. aggressive Dämpfe.
0.2.15	Art und Umfang von ***Hygienemaßnahmen, z. B. entsprechend VDI 6022 Blatt 1 „Raumlufttechnik, Raumluftqualität – Hygieneanforderungen an Raumlufttechnische Anlagen und Geräte (VDI-Lüftungsregeln)“***	**0.2.13**	Art und Umfang hygienischer Maßnahmen entsprechend Richtlinien der Reihe VDI 6022 „Hygiene-Anforderungen an Raumlufttechnische Anlagen und Geräte“.
0.2.16	***Art und Umfang von Provisorien***	**0.2.14**	Art und Umfang von Provisorien, z. B. vorübergehende Versorgung aus dem Stadtwassernetz bis zur Fertigstellung der Kälteanlage.
0.2.17	Vorgezogenes oder nachträgliches Herstellen von Teilen der Leistung. ***Zeitpunkte der – gegebenenfalls stufenweisen – Fertigstellung und Inbetriebnahme.***	**0.2.36**	Vorgezogenes oder nachträgliches Herstellen von Teilen der Leistung.
0.2.18	***Schnittstellen zur anderen Gewerken***		
0.2.19	***Angaben zur Gebäudeautomation, z. B. Schnittstellen, Schnittstellendefinition.***	**0.2.16**	Vorgaben zur Aufschaltung auf die Gebäudeautomation.

ATV DIN 18379, September 2016		ATV DIN 18379, September 2012	
Abschnitt	**Text**	**Abschnitt**	**Text**
0.2.20	***Art und Umfang von Leistungen zur gewerkeübergreifenden Inbetriebnahme.***	**0.2.15**	Zeitpunkte der – gegebenenfalls stufenweisen – Inbetriebnahme.
0.2.21	Art und Umfang der zu ***erstellenden und zu übergebenden Unterlagen vor der Montage bzw. zur Bestandsdokumentation, z. B.:*** – ***Funktions- und*** Strangschemata, – Bestandspläne, – Stückliste, enthaltend alle Mess-, Steuerungs- und Regelgeräte (MSR), – Stromlaufplan und gegebenenfalls Funktionsplan der Steuerung nach DIN EN 60848 „GRAFCET, Spezifikationssprache für Funktionspläne der Ablaufsteuerung“, – Funktionsbeschreibung und Einbeziehung der Regelungen mit Darstellung der Regelschemata, – Protokolle über die im Rahmen der Einregulierungsarbeiten durchgeführten endgültigen Einstellungen und Messungen – Ersatzteillisten, – Berechnung des Energiebedarfs, – Diagramme und Kennlinienfelder, – Informationslisten bei MSR-Anlagen in DDC-Technik (siehe Richtlinien der Reihe VDI 3814 „Gebäudeautomation (GA))“.	**0.2.17**	Art und Umfang der zu liefernden Unterlagen z. B.: – Strangschemata zu den Anlagenschemata, – Bestandspläne, – Stückliste, enthaltend alle Mess-, Steuerungs- und Regelgeräte (MSR), – Stromlaufplan und gegebenenfalls Funktionsplan der Steuerung nach DIN EN 60848 „GRAFCET – Spezifikationssprache für Funktionspläne der Ablaufsteuerung“, – Funktionsbeschreibung unter Einbeziehung der Regelung mit Darstellung der Regelschemata, – Protokolle über die im Rahmen der Einregulierungsarbeiten durchgeführten endgültigen Einstellungen und Messungen, – Ersatzteillisten, – Berechnung des Energiebedarfs, – Diagramme und Kennlinienfelder, – Informationslisten bei MSR-Anlagen in DDC-Technik (siehe Richtlinien der Reihe VDI 3814 „Gebäudeautomation (GA)“).
0.2.22	Prüfklasse und Prüfumfang nach DIN EN 12599 „Lüftung von Gebäuden – Prüf- und Messverfahren für die Übergabe raumlufttechnischer Anlagen“.	**0.2.18**	Prüfklasse und Prüfumfang nach DIN EN 12599 „Lüftung von Gebäuden – Prüf- und Messverfahren für die Übergabe eingebauter raumlufttechnischer Anlagen“.

ATV DIN 18379, September 2016		ATV DIN 18379, September 2012	
Abschnitt	**Text**	**Abschnitt**	**Text**
0.2.23	Durchführung von Funktionsmessungen.	**0.2.19**	Durchführung von Funktionsmessungen.
0.2.24	Angebot eines ***Instandhaltungs- bzw.*** Wartungsvertrages.	**0.2.20**	Angebot eines Wartungsvertrages.
0.2.25	Art und Umfang der dem Auftragnehmer für die Beurteilung und Ausführung der Anlagen zu liefernden Planungsunterlagen und Berechnungen.	**0.2.21**	Art und Umfang der dem Auftragnehmer für die Beurteilung und Ausführung der Anlage zu liefernden Planungsunterlagen und Berechnungen.
0.2.26	Art, Umfang und Ausbildung ***von Leistungen zum Schutz*** gegen das Eindringen von Regenwasser und Schnee.	**0.2.22**	Art, Umfang und Ausbildung von Maßnahmen gegen das Eindringen von Regenwasser und Schnee.
0.2.27	Art der Verbindung von Luftleitungen, z. B. geflanscht, gesteckt***, genietet, verschraubt***.	**0.2.23**	Art der Verbindung von Luftleitungen, z. B. geflanscht, gesteckt.
0.2.28	Art und Umfang von ***Leitblechen (Luftlenkeinrichtungen)***.	**0.2.24**	Art und Umfang von Luftlenkeinrichtungen.
0.2.29	Art und Umfang der Kennzeichnung von Luftleitungen.	**0.2.25**	Art und Umfang der Kennzeichnung von Luftleitungen.
0.2.30	Möglichkeiten zur Aufnahme von Kräften ***hängender Bauteile und Apparate.***	**0.2.26**	Möglichkeiten zur Aufnahme von Kräften wandhängender Bauteile und Apparate in Wände.
0.2.31	Art und Umfang von Zustandsprüfungen vorhandener Luftleitungen und Anlagenteile.	**0.2.27**	Art und Umfang von Zustandsprüfungen vorhandener Luftleitungen und Anlagenteile.
0.2.32	Bauteilfertigung nach Ausführungsplan oder nach örtlichem Aufmaß.	**0.2.28**	Bauteilfertigung nach Ausführungsplan oder nach örtlichem Aufmaß.
0.2.33	Art, Beschaffenheit und Festigkeit des Untergrundes, z. B. Stahl, Beton, verputztes oder unverputztes Mauerwerk, Holz.	**0.2.29**	Art, Beschaffenheit und Festigkeit des Untergrundes, z. B. Stahl, Beton, verputztes oder unverputztes Mauerwerk, Holz.
0.2.34	Anzahl, Art, Maße und Ausbildung von Abschlüssen und Anschlüssen an angrenzende Bauteile, z. B. luftdichte Anschlüsse.	**0.2.30**	Anzahl, Art, Maße und Ausbildung von Abschlüssen und Anschlüssen an angrenzende Bauteile, z. B. luftdichte Anschlüsse.

ATV DIN 18379, September 2016		ATV DIN 18379, September 2012	
Abschnitt	**Text**	**Abschnitt**	**Text**
0.2.35	Art, Lage, Maße und Ausbildung von Bewegungs-***, Bauwerks- und Bauteilfugen***.	**0.2.31**	Art, Lage, Maße und Ausbildung von Bewegungs- und Bauwerksfugen.
0.2.36	Anzahl, Art, Lage und Maße von herzustellenden oder zu schließenden Aussparungen.	**0.2.32**	Anzahl, Art, Lage und Maße von herzustellenden oder zu schließenden Aussparungen.
0.2.37	Anzahl, Art, Lage, Maße und Massen von Installations- und Einbauteilen.	**0.2.33**	Anzahl, Art, Lage, Maße und Massen von Installations- und Einbauteilen.
0.2.38	Gestaltung und Einteilung von Flächen sowie Raster- und Fugenausbildung.	**0.2.34**	Gestaltung und Einteilung von Flächen sowie Raster- und Fugenausbildung.
0.2.39	Anzahl, Art, Lage, Maße und Beschaffenheit von geneigten, gebogenen oder andersartig geformten Flächen.	**0.2.35**	Anzahl, Art, Lage, Maße und Beschaffenheit von geneigten, gebogenen oder andersartig geformten Flächen.
0.2.40	***Angaben zu besonderen lufttechnischen Anlagen, z. B. Entrauchungsanlagen, Rauchschutzdruckanlage.***		
0.3	Einzelangaben bei Abweichungen von den ATV	**0.3**	Einzelangaben bei Abweichung von den ATV
0.3.1	Wenn andere als die in dieser ATV vorgesehenen Regelungen getroffen werden sollen, sind diese in der Leistungsbeschreibung eindeutig und im Einzelnen anzugeben.	**0.3.1**	Wenn andere als die in dieser ATV vorgesehenen Regelungen getroffen werden sollen, sind diese in der Leistungsbeschreibung eindeutig und im Einzelnen anzugeben.
0.3.2	Abweichende Regelungen können insbesondere in Betracht kommen bei ***Abschnitt 3.2.9, wenn für den Schallschutz andere Bestimmungen als VDI 2081 Blatt 1 „Geräuscherzeugung und Lärmminderung in Raumlufttechnischen Anlagen" zugrunde gelegt werden sollen,***	**0.3.2**	Abweichende Regelungen können insbesondere in Betracht kommen bei Abschnitt 3.2.8.1, wenn Stellglieder der Regelstrecken nur zu bemessen, jedoch nicht zu liefern sind, Abschnitt 3.2.9, wenn für Schallschutzmaßnahmen andere Bestimmungen als VDI 2081, Blatt 1 und Blatt 2 „Geräuscherzeugung und Lärmminderung in Raumlufttechnischen Anlagen" zugrunde gelegt werden sollen,

ATV DIN 18379, September 2016		ATV DIN 18379, September 2012	
Abschnitt	**Text**	**Abschnitt**	**Text**
		2.3	Warmlufterzeuger, Lufterwärmer und Luftkühler Für Warmlufterzeuger mit Feuerungen für feste, flüssige und gasförmige Brennstoffe gelten: DIN 4794-3 Ortsfeste Warmlufterzeuger – Gasbefeuerte Warmlufterzeuger mit Wärmeaustauscher, Anforderungen, Prüfung DIN 4794-7 Ortsfeste Warmlufterzeuger – Gasbefeuerte Warmlufterzeuger ohne Wärmeaustauscher, Sicherheitstechnische Anforderungen, Prüfung DIN EN 13842 Ölbefeuerte Warmlufterzeuger – Ortsfest und ortsbeweglich für die Raumheizung
2.3	***Luftfilter*** ***Luftfilter müssen mit Vorrichtungen zur Überwachung des Beladungsgrades ausgestattet sein.***	**2.4**	DIN EN 779 Partikel-Luftfilter für die allgemeine Raumlufttechnik – Bestimmung der Filterleistung Normen der Reihe DIN EN 1822 Schwebstofffilter (HEPA und ULPA) Luftfilter müssen mit Druckdifferenzmesseinrichtungen ausgestattet sein.
2.4	RLT-Zentralgeräte Bauteile von RLT-Zentralgeräten, z. B. Ventilatoren und Luftfilter, müssen den in den Abschnitten 2.1 bis 2.3 beschriebenen Anforderungen entsprechen.	**2.5**	RLT-Zentralgeräte
		2.5.1	Bauteile von RLT-Zentralgeräten, z. B. Ventilatoren, Luftfilter, müssen den in den Abschnitten 2.1 bis 2.4 beschriebenen Anforderungen entsprechen.

ATV DIN 18379, September 2016		ATV DIN 18379, September 2012	
Abschnitt	**Text**	**Abschnitt**	**Text**
		2.5.2	Die Antriebsmotoren müssen leicht ein- und ausbaubar sein. Es muss ausreichend Platz zum Nachspannen der Keilriemen vorhanden sein. Der elektrische Anschluss muss leicht zugänglich sein.
		2.5.3	Die Gehäuse der RLT-Zentralgeräte müssen den Betriebsbedingungen entsprechend ausreichend steif sein; die Wände dürfen bei Betrieb nicht flattern.
		2.5.4	Die Gehäuse der RLT-Zentralgeräte müssen ausreichend luftdicht sein. Zur Kabeleinführung müssen entsprechende Kabelverschraubungen vorhanden sein.
		2.5.5	Bedienungstüren sowie Inspektions- und Wartungsöffnungen müssen in solcher Größe und Anzahl vorhanden sein, dass alle wichtigen Bauteile, insbesondere bewegliche, leicht und sicher instand gehalten werden können. Lufterwärmer und Luftkühler müssen ausbaubar sein. Bei Lagerschäden muss eine Instandsetzung möglich sein.
		2.6	Luftleitungen mit Zubehör
		2.6.1	Allgemeines Absperrvorrichtungen gegen Feuer oder Rauch in Luftleitungen unterliegen der Prüfzeichenpflicht.
		2.6.2	Luftleitungen aus metallischen Stoffen DIN EN 1505 Lüftung von Gebäuden – Luftleitungen und Formstücke aus Blech mit Rechteckquerschnitt – Maße

ATV DIN 18379, September 2016		ATV DIN 18379, September 2012	
Abschnitt	**Text**	**Abschnitt**	**Text**
2.5.1	Elektrische Messgeräte müssen der Genauigkeitsklasse E-1,5 nach DIN EN 60051-1 „Direkt wirkende anzeigende elektrische Messgeräte und ihr Zubehör – Messgeräte mit Skalenanzeige – Teil 1: Definitionen und allgemeine Anforderungen für alle Teile dieser Norm“ entsprechen		
2.5.2	Schaltschränke müssen mindestens der Schutzart IP 43 nach DIN EN 60529 (VDE 0470-1) „Schutzarten durch Gehäuse (IP-Code)“ entsprechen.		
2.5.3	***Bei Verwendung von Bauteilen zur Anbindung an die Gebäudeautomation sind die Richtlinien der Reihe VDI 3813 und VDI 3814 „Gebäudeautomation (GA)“ zu beachten.***		
		2.8	Kälteanlagen DIN 8960 Kältemittel – Anforderungen und Kurzzeichen DIN EN 1736 Kälteanlagen und Wärmepumpen – Flexible Rohrleitungsteile, Schwingungsabsorber, Kompensatoren und Nichtmetall-Schläuche – Anforderungen, Konstruktion und Einbau DIN EN 14705 Wärmeaustauscher – Verfahren zur Messung und Bewertung der wärmetechnischen Leistungskenndaten von Nasskühltürmen
		2.9	Wärmepumpen DIN 8960 Kältemittel – Anforderungen und Kurzzeichen DIN EN 1736 Kälteanlagen und Wärmepumpen – Flexible Rohrleitungsteile, Schwingungsabsorber, Kompensatoren und Nichtmetall-Schläuche – Anforderungen, Konstruktion und Einbau

ATV DIN 18379, September 2016		ATV DIN 18379, September 2012	
Abschnitt	**Text**	**Abschnitt**	**Text**
			DIN EN 14705 Wärmeaustauscher – Verfahren zur Messung und Bewertung der wärmetechnischen Leistungskenndaten von Nasskühltürmen DIN 8901 Kälteanlangen und Wärmepumpen – Schutz von Erdreich, Grund- und Oberflächenwasser – Sicherheitstechnische und umweltrelevante Anforderungen und Prüfung DIN EN 255-3 Luftkonditionierer, Flüssigkeitskühlsätze und Wärmepumpen mit elektrisch angetriebenen Verdichtern – Heizen – Teil 3: Prüfungen und Anforderungen an die Kennzeichnung von Geräten zum Erwärmen von Brauchwasser Normen der Reihe DIN EN 14511 Luftkonditionierer, Flüssigkeitskühlsätze und Wärmepumpen mit elektrisch angetriebenen Verdichtern für die Raumbeheizung und Kühlung
		2.10	Wärmerückgewinner VDI 2071 Wärmerückgewinnung in Raumlufttechnischen Anlagen.
3	Ausführung Ergänzend zur ATV DIN 18299, Abschnitt 3, gilt:	**3**	Ausführung Ergänzend zur ATV DIN 18299, Abschnitt 3, gilt:
3.1	Allgemeines	**3.1**	Allgemeines
3.1.1	Die Bauteile von Raumlufttechnischen Anlagen sind so aufeinander abzustimmen, dass die geforderte Leistung erbracht,	**3.1.1**	Die Bauteile von Raumlufttechnischen Anlagen sind so aufeinander abzustimmen, dass die geforderte Leistung erbracht,

ATV DIN 18379, September 2016		ATV DIN 18379, September 2012	
Abschnitt	Text	Abschnitt	Text
	die Betriebssicherheit gegeben und ein sparsamer und wirtschaftlicher Betrieb möglich ist und Korrosionsvorgänge weitgehend eingeschränkt werden. Der von Raumlufttechnischen Anlagen erzeugte und übertragene Luft- und Körperschall darf die zulässigen oder vereinbarten Werte nicht überschreiten.		die Betriebssicherheit gegeben und ein sparsamer und wirtschaftlicher Betrieb möglich ist und Korrosionsvorgänge weitgehend eingeschränkt werden. Der von Raumlufttechnischen Anlagen erzeugte und übertragene Luft- und Körperschall darf die zulässigen oder vereinbarten Werte nicht überschreiten.
3.1.2	Der Auftragnehmer hat dem Auftraggeber vor Beginn der Montagearbeiten alle Angaben zu machen, die für den ungehinderten Einbau und ordnungsgemäßen Betrieb der Anlage notwendig sind. Der Auftragnehmer hat nach den Planungsunterlagen und Berechnungen des Auftraggebers die für die Ausführung erforderliche Montage- und Werkstattplanung zu erbringen und, soweit erforderlich, mit dem Auftraggeber abzustimmen. Dazu gehören insbesondere: – Montagepläne, – Werkstattzeichnungen, – Stromlaufpläne, – Fundamentpläne. Der Auftragnehmer hat dem Auftraggeber rechtzeitig die Angaben über die – Massen der Einbauteile, – Stromaufnahme und gegebenenfalls den Anlaufstrom der elektrischen Bauteile und – sonstigen Erfordernisse für den Einbau zu machen.	**3.1.2**	Der Auftragnehmer hat dem Auftraggeber vor Beginn der Montagearbeiten alle Angaben zu machen, die für den ungehinderten Einbau und ordnungsgemäßen Betrieb der Anlage notwendig sind. Der Auftragnehmer hat nach den Planungsunterlagen und Berechnungen des Auftraggebers die für die Ausführung erforderliche Montage- und Werkstattplanung zu erbringen und, soweit erforderlich, mit dem Auftraggeber abzustimmen. Dazu gehören insbesondere: – Montagepläne, – Werkstattzeichnungen, – Stromlaufpläne, – Fundamentpläne. Der Auftragnehmer hat dem Auftraggeber rechtzeitig die Angaben über die – Massen der Einbauteile, – Stromaufnahme und gegebenenfalls den Anlaufstrom der elektrischen Bauteile und – sonstigen Erfordernisse für den Einbau zu machen.

ATV DIN 18379, September 2016		ATV DIN 18379, September 2012	
Abschnitt	Text	Abschnitt	Text
	Zu den für die Ausführung nötigen, vom Auftraggeber zu übergebenden Unterlagen (siehe § 3 Abs. 1 VOB/B) gehören insbesondere: – Ausführungspläne als Grundrisse***, Funktions- und*** Strangschemata sowie Schnitte mit Dimensionsangaben, – Anlagenkonzeption mit Regelschemata, – Schlitz- und Durchbruchpläne, – Berechnungen für ***Heiz- und*** Kühllast mit jeweils zugehörigen Luftleitungs- und Ventilatorauslegungen, ***der energetische Nachweis*** und die wesentlichen energiebezogenen Merkmale, die der Anlagenaufwandszahl zugrunde liegen, – Leistungsdaten der Wärmeübertrager, – Angaben zum Schall-, Wärme- und Brandschutz.		Zu den für die Ausführung nötigen, vom Auftraggeber zu übergebenden Unterlagen (siehe § 3 Abs. 1 VOB/B) gehören insbesondere: – Ausführungspläne als Grundrisse, Strangschemata und Schnitte mit Dimensionsangaben, – Anlagenkonzeption mit Regelschemata, – Schlitz- und Durchbruchpläne, – Berechnungen für Wärmebedarf und Kühllast mit jeweils zugehörigen Luftleitungs- und Ventilatorauslegungen, der Energiebedarfsausweis und die wesentlichen energiebezogenen Merkmale, die der Anlagenaufwandszahl zugrunde liegen, – Leistungsdaten der Wärmeübertrager, – Angaben zum Schall-, Wärme- und Brandschutz.
3.1.3	Der Auftragnehmer hat bei der Prüfung der vom Auftraggeber gelieferten Planungsunterlagen und Berechnungen (siehe § 3 Abs. 3 VOB/B) u. a. hinsichtlich der Beschaffenheit und Funktion der Anlage insbesondere zu achten auf: – ***die Heizlast,*** – die Kühllast, – den Luftvolumenstrom, – die Luftleitungsberechnung, – die Lufttemperaturen, – die Luftfeuchten, – die Mess-, Steuer- und Regeleinrichtungen,	**3.1.3**	Der Auftragnehmer hat bei der Prüfung der vom Auftraggeber gelieferten Planungsunterlagen und Berechnungen (siehe § 3 Abs. 3 VOB/B) u. a. hinsichtlich der Beschaffenheit und Funktion der Anlage insbesondere zu achten auf: – den Wärmebedarf, – die Kühllast, – den Luftvolumenstrom, – die Luftleitungsberechnung, – die Lufttemperaturen, – die Luftfeuchten, – die Mess-, Steuer- und Regeleinrichtungen,

ATV DIN 18379, September 2016		ATV DIN 18379, September 2012	
Abschnitt	Text	Abschnitt	Text
	– die Öffnungen für technische und hygienische Arbeiten im Luftleitungsnetz, – den Schallschutz, – den Wärmeschutz, – den Brandschutz, – die Luftdichtheit der Gebäudehülle.		– die Öffnungen für technische und hygienische Arbeiten im Luftleitungsnetz, – den Schallschutz, – den Wärmeschutz, – den Brandschutz, – die Luftdichtheit der Gebäudehülle
3.1.4	Als Bedenken nach § 4 Abs. 3 VOB/B können insbesondere ***in Betracht kommen:*** – Unstimmigkeiten in den vom Auftraggeber gelieferten Planungsunterlagen und Berechnungen (siehe § 3 Abs. 3 VOB/B), – erkennbar mangelhafte Ausführung, nicht rechtzeitige Fertigstellung oder das Fehlen von Fundamenten, Schlitzen und Durchbrüchen, – ungenügende Maßnahmen für den Schall-, Wärme- und Brandschutz, – ungeeignete Bauart der ***Abgasanlagen und*** ungeeigneter Querschnitt der ***Abgasleitungen sowie der luftführenden und Installationsschächte,*** – unzureichende Anschlussleistung für Energieträger, – nicht ausreichender Platz für die Bauteile, – fehlende Bezugspunkte, – ungeeignete Bedingungen, ***die sich aus der Witterung oder dem Raumklima ergeben*** (siehe Abschnitt 3.1.5), – ***dem Auftragnehmer*** bekannt gewordene Änderungen von Voraussetzungen, die der Planung zugrunde gelegen haben.	**3.1.4**	Der Auftragnehmer hat bei seiner Prüfung Bedenken (siehe § 4 Abs. 3 VOB/B) insbesondere geltend zu machen bei – Unstimmigkeiten in den vom Auftraggeber gelieferten Planungsunterlagen und Berechnungen (siehe § 3 Abs. 3 VOB/B), – erkennbar mangelhafter Ausführung, nicht rechtzeitiger Fertigstellung oder dem Fehlen von Fundamenten, Schlitzen und Durchbrüchen, – ungenügenden Maßnahmen für den Schall-, Wärme- und Brandschutz, – ungeeigneter Bauart oder ungeeignetem Querschnitt der Schornsteine, Zuluft- und Abluftschächte, – unzureichender Anschlussleistung für Energieträger, – nicht ausreichendem Platz für die Bauteile, – fehlenden Bezugspunkten, – ungeeigneten klimatischen Bedingungen (siehe Abschnitt 3.1.5), – ihm bekannt gewordenen Änderungen von Voraussetzungen, die der Planung zugrunde gelegen haben.

ATV DIN 18379, September 2016		ATV DIN 18379, September 2012	
Abschnitt	**Text**	**Abschnitt**	**Text**
3.1.5	Bei ungeeigneten Bedingungen, ***die sich aus der Witterung oder dem Raumklima ergeben***, z. B. Temperaturen unter 5 °C bei Dichtbandklebearbeiten, sind in Abstimmung mit dem Auftraggeber besondere Maßnahmen zu ergreifen. ***Sollten hierfür Leistungen erforderlich werden***, sind dies Besondere Leistungen (siehe Abschnitt 4.2.27).	**3.1.5**	Bei ungeeigneten klimatischen Bedingungen, z. B. bei Dichtbandklebearbeiten Temperaturen unter 5 °C, sind in Abstimmung mit dem Auftraggeber besondere Maßnahmen zu ergreifen. Die zu treffenden Maßnahmen sind Besondere Leistungen (siehe Abschnitt 4.2.22).
3.1.6	Bleibt die Leitungsführung dem Auftragnehmer überlassen, hat dieser ***hierfür Ausführungspläne zu erstellen***. Diese sind mit dem Auftraggeber ***vor Ausführung*** abzustimmen, damit die erforderlichen Fundament-, Schlitz-, Durchbruch- und Montagepläne erstellt werden können. ***Diese Leistungen sind Besondere Leistungen (siehe Abschnitt 4.2.1).***	**3.1.6**	Bleibt die Leitungsführung dem Auftragnehmer überlassen, hat dieser rechtzeitig einen Ausführungsplan zu erstellen und mit dem Auftraggeber abzustimmen, damit die erforderlichen Fundament-, Schlitz-, Durchbruch- und Montagepläne erstellt werden können.
3.1.7	Bei Veränderungen, die vorhandene elektrische Schutzmaßnahmen an bestehenden Anlagen beeinträchtigen könnten, z. B. Einbau von Isolierstücken, hat der Auftragnehmer den Auftraggeber darauf hinzuweisen, dass durch einen zugelassenen Elektroinstallateur geprüft werden muss, ob die vorgesehenen Arbeiten die Schutzmaßnahmen beeinträchtigen	**3.1.7**	Bei Veränderungen, die vorhandene elektrische Schutzmaßnahmen an bestehenden Anlagen beeinträchtigen könnten, z. B. Einbau von Isolierstücken, hat der Auftragnehmer den Auftraggeber darauf hinzuweisen, dass durch einen zugelassenen Elektroinstallateur geprüft werden muss, ob die vorgesehenen Arbeiten die Schutzmaßnahmen beeinträchtigen
3.1.8	Stemm-, Fräs- und Bohrarbeiten am Bauwerk dürfen nur im Einvernehmen mit dem Auftraggeber ausgeführt werden.	**3.1.8**	Stemm-, Fräs- und Bohrarbeiten am Bauwerk dürfen nur im Einvernehmen mit dem Auftraggeber ausgeführt werden. Bei derartigen Arbeiten an Mauerwerk ist DIN 1053-1 „Mauerwerk – Teil 1: Berechnung und Ausführung“ zu beachten.
3.1.9	**Müssen auftretende Reaktionskräfte in das Bauwerk abgeleitet werden, sind die Kräfte vom Auftragnehmer zu ermitteln und dem Auftraggeber vor Ausführung der Leistung bekannt zu geben.**	**3.1.9**	Stoffe, die zerstörend auf Anlagenteile wirken können, z. B. Gips oder chloridhaltige Schnellbinder in direkter Verbindung mit Metallteilen, dürfen nicht verwendet werden.

ATV DIN 18379, September 2016		ATV DIN 18379, September 2012	
Abschnitt	**Text**	**Abschnitt**	**Text**
3.2	Anforderungen	**3.2**	Anforderungen
3.2.1	Allgemeines	**3.2.1**	Allgemeines
3.2.1.1	Für die Ausführung von Raumlufttechnischen Anlagen gelten: DIN 1946-4 Raumlufttechnik – Teil 4: Raumlufttechnische Anlagen in Gebäuden und Räumen des Gesundheitswesens DIN 1946-6 Raumlufttechnik – Teil 6: Lüftung von Wohnungen – Allgemeine Anforderungen, Anforderungen zur Bemessung, Ausführung und Kennzeichnung, Übergabe/Übernahme (Abnahme) und Instandhaltung DIN 1946-7 Raumlufttechnik – Teil 7: Raumlufttechnische Anlagen in Laboratorien DIN 18017-3 Lüftung von Bädern und Toilettenräumen ohne Außenfenster – Teil 3: Lüftung mit Ventilatoren DIN EN 12792 Lüftung von Gebäuden – Symbole, Terminologie und graphische Symbole DIN EN 13779 Lüftung von Nichtwohngebäuden – Allgemeine Grundlagen und Anforderungen für Lüftungs- und Klimaanlagen und Raumkühlsysteme VDI 2052 Raumlufttechnische Anlagen für Küchen VDI 2053 Blatt 1 Raumlufttechnik – Garagen-Entlüftung (VDI-Lüftungsregeln)	**3.2.1.1**	Für die Ausführung von Raumlufttechnischen Anlagen gelten: DIN 1946-4 Raumlufttechnik – Teil 4: Raumlufttechnische Anlagen in Gebäuden und Räumen des Gesundheitswesens DIN 1946-6 Raumlufttechnik – Teil 6: Lüftung von Wohnungen – Allgemeine Anforderungen, Anforderungen zur Bemessung, Ausführung und Kennzeichnung, Übergabe/Übernahme (Abnahme) und Instandhaltung DIN 1946-7 Raumlufttechnik – Teil 7: Raumlufttechnische Anlagen in Laboratorien DIN V 4701-10 Energetische Bewertung heiz- und raumlufttechnischer Anlagen – Teil 10: Heizung, Trinkwassererwärmung, Lüftung DIN V 4701-12 Energetische Bewertung heiz- und raumlufttechnischer Anlagen im Bestand – Teil 12: Wärmeerzeuger und Trinkwassererwärmung DIN 8960 Kältemittel – Anforderungen und Kurzzeichen DIN 18017-3 Lüftung von Bädern und Toilettenräumen ohne Außenfenster – Teil 3: Lüftung mit Ventilatoren DIN 18910-1 Wärmeschutz geschlossener Ställe – Wärmedämmung und Lüftung – Teil 1: Planungs- und Berechnungsgrundlagen für geschlossene zwangsbelüftete Ställe

ATV DIN 18379, September 2016		ATV DIN 18379, September 2012	
Abschnitt	**Text**	**Abschnitt**	**Text**
	VDI 2078 Berechnung der thermischen Lasten und Raumtemperaturen (Auslegung Kühllast und Jahressimulation)		Normen der Reihe: DIN V 18599 Energetische Bewertung von Gebäuden, Berechnung des Nutz-, End- und Primärenergiebedarfs für Heizung, Kühlung, Lüftung, Trinkwarmwasser und Beleuchtung
	VDI 2081 Blatt 1 Geräuscherzeugung und Lärmminderung in Raumlufttechnischen Anlagen		DIN EN 255-3 Luftkonditionierer, Flüssigkeitskühlsätze und Wärmepumpen mit elektrisch angetriebenen Verdichtern – Heizen – Teil 3: Prüfungen und Anforderungen an die Kennzeichnung von Geräten zum Erwärmen von Brauchwasser
	VDI 2082 Raumlufttechnik – Verkaufsstätten (VDI-Lüftungsregeln)		DIN EN 378-1 Kälteanlagen und Wärmepumpen – Sicherheitstechnische und umweltrelevante Anforderungen – Teil 1: Grundlegende Anforderungen, Begriffe, Klassifikationen und Auswahlkriterien
	VDI 2083 Blatt 1 Reinraumtechnik – Partikelreinheitsklassen der Luft		DIN EN 378-2 Kälteanlagen und Wärmepumpen – Sicherheitstechnische und umweltrelevante Anforderungen – Teil 2: Konstruktion, Herstellung, Prüfung, Kennzeichnung und Dokumentation
	VDI 2083 Blatt 4.1 Reinraumtechnik – Planung, Bau und Erst-Inbetriebnahme von Reinräumen		DIN EN 378-3 Kälteanlagen und Wärmepumpen – Sicherheitstechnische und umweltrelevante Anforderungen – Teil 3: Aufstellungsort und Schutz von Personen
	VDI 2083 Blatt 5.1 Reinraumtechnik – Betrieb von Reinräumen		DIN EN 378-4 Kälteanlagen und Wärmepumpen – Sicherheitstechnische und umweltrelevante Anforderungen – Teil 4: Betrieb, Instandhaltung, Instandsetzung und Rückgewinnung
	VDI 2087 Luftleitungssysteme – Bemessungsgrundlagen		
	VDI 3803 Blatt 1 Raumlufttechnik – Zentrale Raumlufttechnische Anlagen – Bauliche und technische Anforderungen (VDI-Lüftungsregeln)		
	VDI 3803 Blatt 5 Raumlufttechnik, Geräteanforderungen – Wärmerückgewinnungssysteme (VDI-Lüftungsregeln)		
	VDI 6022 Blatt 1 Raumlufttechnik, Raumluftqualität – Hygieneanforderungen an Raumlufttechnische Anlagen und Geräte (VDI-Lüftungsregeln)		

ATV DIN 18379, September 2016		ATV DIN 18379, September 2012	
Abschnitt	**Text**	**Abschnitt**	**Text**
			DIN EN 12792 Lüftung von Gebäuden – Symbole, Terminologie und graphische Symbole DIN EN 12831 Heizungsanlagen in Gebäuden – Verfahren zur Berechnung der Norm-Heizlast DIN EN 12831 Beiblatt 1 Heizsysteme in Gebäuden – Verfahren zur Berechnung der Norm-Heizlast – Nationaler Anhang NA DIN EN 13779 Lüftung von Nichtwohngebäuden – Allgemeine Grundlagen und Anforderungen für Lüftungs- und Klimaanlagen und Raumkühlsysteme Normen der Reihe: DIN EN 14511 Luftkonditionierer, Flüssigkeitskühlsätze und Wärmepumpen mit elektrisch angetriebenen Verdichtern für die Raumheizung und -kühlung PAS 1027 Energetische Bewertung heiz- und raumlufttechnischer Anlagen im Bestand – Ergänzung zur DIN 4701-12 Blatt 1 VDI 2052 Raumlufttechnische Anlagen für Küchen VDI 2053 Raumlufttechnische Anlagen für Garagen VDI 2071 Wärmerückgewinnung in Raumlufttechnischen Anlagen VDI 2078 Berechnung der Kühllast klimatisierter Räume (VDI- Kühllastregeln)

ATV DIN 18379, September 2016		ATV DIN 18379, September 2012	
Abschnitt	**Text**	**Abschnitt**	**Text**
			VDI 2081 Geräuscherzeugung und Lärmminderung in Raumlufttechnischen Anlagen VDI 2082 Raumlufttechnik für Verkaufsstätten VDI 2083 Blatt 1 Reinraumtechnik – Partikelreinheitsklassen der Luft VDI 2083 Blatt 4.1 Reinraumtechnik – Planung, Bau und Erst-Inbetriebnahme von Reinräumen VDI 2083 Blatt 5.1 Reinraumtechnik – Betrieb von Reinräumen VDI 2087 Luftleitungssysteme – Bemessungsgrundlagen VDI 3803 Blatt 1 Raumlufttechnik – Zentrale Raumlufttechnische Anlagen – Bauliche und technische Anforderungen (VDI-Lüftungsregeln) Richtlinien der Reihe: VDI 6022 Hygienische Anforderungen an Raumlufttechnische Anlagen und Geräte
3.2.1.2	Das Eindringen von Wassertropfen ***in nicht dafür vorgesehene Anlagenteile ist soweit wie möglich zu verhindern.*** Der nachfolgende Anlagenabschnitt ist erforderlichenfalls zu entwässern. ***Kondensat*** ist abzuleiten.	**3.2.1.2**	Das Eindringen von Wassertropfen in Anlagenteile ist durch geeignete Maßnahmen soweit wie möglich zu verhindern. Der nachfolgende Anlagenabschnitt ist erforderlichenfalls zu entwässern. Tauwasser ist abzuleiten.
3.2.2	Ventilatoren Bestehen Ventilatorteile aus splitterfähigen Stoffen, ist ein am Gerät angebrachter, ausreichender Splitterschutz vorzusehen.	**3.2.2**	Ventilatoren Bestehen Ventilatorteile aus splitterfähigen Stoffen, ist ein am Gerät angebrachter, ausreichender Splitterschutz vorzusehen.

ATV DIN 18379, September 2016		ATV DIN 18379, September 2012	
Abschnitt	**Text**	**Abschnitt**	**Text**
3.2.3	Lufterwärmer, Luftkühler, Warmlufterzeuger	**3.2.3**	Lufterwärmer, Luftkühler, Warmlufterzeuger
3.2.3.1	Lufterwärmer und Luftkühler sind so einzubauen, dass eine einfache vollständige Entleerung und Entlüftung möglich ist.	**3.2.3.1**	Lufterwärmer und Luftkühler sind so einzubauen, dass eine einfache vollständige Entleerung und Entlüftung möglich ist.
3.2.3.2	Luftkühler sind so einzubauen, dass eine einwandfreie ***Kondensatableitung*** möglich ist.	**3.2.3.2**	Luftkühler sind so einzubauen, dass eine einwandfreie Tauwasserableitung möglich ist.
3.2.3.3	Elektro-Lufterwärmer sind mit Strömungs- und Übertemperatursicherungen auszurüsten.	**3.2.3.3**	Elektro-Lufterwärmer sind mit Strömungs- und Übertemperatursicherungen auszurüsten.
3.2.4	Luftfilter Luftfilter sind so einzubauen, dass auch im eingebauten Zustand die Güteklassen nach DIN EN 1822-1 „Schwebstofffilter (EPA, HEPA und ULPA) – Teil 1: Klassifikation, Leistungsprüfung, Kennzeichnung“ und DIN EN 779 „Partikel-Luftfilter für die allgemeine Raumlufttechnik – Bestimmung der Filterleistung“ eingehalten werden.	**3.2.4**	Luftfilter Luftfilter sind so einzubauen, dass auch im eingebauten Zustand die Güteklassen nach DIN EN 1822-1 und DIN EN 779 eingehalten werden.
3.2.5	Luftbefeuchtungseinrichtungen	**3.2.5**	Luftbefeuchtungseinrichtungen
3.2.5.1	Luftbefeuchtungseinrichtungen mit Wasser- oder Dampfanschluss sind mit den dafür notwendigen Absperr- und Reguliereinrichtungen zu versehen. Sie müssen leicht zu reinigen sein.	**3.2.5.1**	Luftbefeuchtungseinrichtungen mit Wasser- oder Dampfanschluss sind mit den dafür notwendigen Absperr- und Reguliereinrichtungen zu versehen. Sie müssen leicht zu reinigen sein.
3.2.5.2	Luftbefeuchtungseinrichtungen mit Wasseranschluss sind so einzubauen, dass sie an das Wasserversorgungsnetz unter Beachtung von DIN EN 1717 „Schutz des Trinkwassers vor Verunreinigungen in Trinkwasser-Installationen und allgemeine Anforderungen an Sicherungseinrichtungen zur	**3.2.5.2**	Luftbefeuchtungseinrichtungen mit Wasseranschluss sind so einzubauen, dass sie an das Wasserversorgungsnetz und, wenn erforderlich, auch an das Abwassernetz unter Beachtung von DIN EN 1717 „Schutz des Trinkwassers vor Verunreinigungen in Trinkwasser-Installationen und allgemeine

ATV DIN 18379, September 2016		ATV DIN 18379, September 2012	
Abschnitt	Text	Abschnitt	Text
	Verhütung von Trinkwasserverunreinigungen durch Rückfließen“ ***in Verbindung mit DIN 1988-100 „Technische Regeln für Trinkwasser-Installationen – Teil 100: Schutz des Trinkwassers, Erhaltung der Trinkwassergüte; Technische Regel des DVGW“ und, wenn erforderlich, auch an das Abwassernetz unter Beachtung der*** DIN EN 12056 (alle Teile) „Schwerkraftentwässerungsanlagen innerhalb von Gebäuden“ und DIN 1986-100 „Entwässerungsanlagen für Gebäude und Grundstücke – Teil 100: Bestimmungen in Verbindung mit DIN EN 752 und DIN EN 12056“ angeschlossen werden können.		Anforderungen an Sicherheitseinrichtungen zur Verhütung von Trinkwasserverunreinigungen durch Rückfließen – Technische Regel des DVGW“, Normen der Reihe DIN EN 12056 „Schwerkraftentwässerungsanlagen innerhalb von Gebäuden“ und DIN 1986-100 „Entwässerungsanlagen für Gebäude und Grundstücke – Teil 100: Bestimmungen in Verbindung mit DIN EN 752 und DIN EN 12056“ angeschlossen werden können.
3.2.6	RLT-Zentralgeräte	**3.2.6**	RLT-Zentralgeräte
3.2.6.1	Beim Einbau sind die Abschnitte 3.2.1 bis 3.2.5 zu beachten	**3.2.6.1**	Beim Einbau sind die Abschnitte 3.2.1 bis 3.2.5 zu beachten
3.2.6.2	Bei innenliegendem Riementrieb muss der Reparaturschalter entsprechend DIN EN 60947-3 (VDE 0660-107) „Niederspannungsschaltgeräte – Teil 3: Lastschalter, Trennschalter, Lasttrennschalter und Schalter-Sicherungs-Einheiten“ und DIN EN 60204 (VDE 0113) (alle Teile), „Sicherheit von Maschinen – Elektrische Ausrüstung von Maschinen“ angeordnet werden.	**3.2.6.2**	Bei innenliegendem Riementrieb muss der Reparaturschalter entsprechend DIN EN 60947-3 (VDE 0660-107) und Normen der Reihe DIN EN 60204 (VDE 0113) angeordnet werden.
3.2.6.3	Anschlussleitungen sind so zu verlegen, dass an den Bedienungstüren und Öffnungen für technische und hygienische Arbeiten am Zentralgerät keine Behinderungen entstehen	**3.2.6.3**	Anschlussleitungen sind so zu verlegen, dass an den Bedienungstüren und Öffnungen für technische und hygienische Arbeiten am Zentralgerät keine Behinderungen entstehen
3.2.7	Luftleitungen mit Zubehör	**3.2.7**	Luftleitungen mit Zubehör

ATV DIN 18379, September 2016		ATV DIN 18379, September 2012	
Abschnitt	**Text**	**Abschnitt**	**Text**
3.2.7.1	Alle Verbindungen von Luftleitungen müssen entsprechend den Betriebsbedingungen luftdicht und stabil sein.	**3.2.7.1**	Alle Verbindungen von Luftleitungen müssen entsprechend den Betriebsbedingungen luftdicht und stabil sein.
3.2.7.2	Luftleitungen müssen, sowie erforderlich, mit verschließbaren Messöffnungen versehen sein.	**3.2.7.2**	Luftleitungen müssen, sowie erforderlich, mit verschließbaren Messöffnungen versehen sein.
3.2.7.3	Luftdurchlässe müssen ohne Beschädigung des Bauwerks ausbaubar sein.	**3.2.7.3**	Luftdurchlässe müssen ohne Beschädigung des Bauwerks ausbaubar sein.
3.2.7.4	Die Lage von Einbauteilen in Luftleitungen, die für ***Instandhaltungsarbeiten*** zugänglich sein müssen, muss erkennbar oder erforderlichenfalls durch Schilder gekennzeichnet sein.	**3.2.7.4**	Die Lage von Einbauteilen in Luftleitungen, die für Inspektion und Wartungsarbeiten zugänglich sein müssen, muss erkennbar oder erforderlichenfalls durch Schilder gekennzeichnet sein.
3.2.8	Mess-, Steuer- und Regeleinrichtungen	**3.2.8**	Mess-, Steuer- und Regeleinrichtungen
3.2.8.1	Stellglieder der Regelstrecken ***von funktional eigenständigen Einrichtungen,*** welche in Anlagen eingebaut werden, die nicht zur vertraglichen Leistung gehören, sind vom Auftragnehmer mit dem Verantwortlichen für die betreffende Anlage abzustimmen.	**3.2.8.1**	Stellglieder der Regelstrecken, die in Anlagen eingebaut werden, die nicht zur vertraglichen Leistung gehören, sind vom Auftragnehmer zu bemessen und zu liefern. Die Bemessung der Stellglieder ist vom Auftragnehmer mit dem Verantwortlichen für die betreffende Anlage abzustimmen.
3.2.8.2	Messwertgeber sind an dafür geeigneten Stellen so einzubauen, dass der Messwert richtig erfasst wird.	**3.2.8.2**	Messwertgeber sind an dafür geeigneten Stellen so einzubauen, dass der Messwert richtig erfasst wird.
3.2.8.3	Anzeigegeräte müssen gut ablesbar, zu betätigende Geräte leicht zugänglich und bedienbar sein.	**3.2.8.3**	Anzeigegeräte müssen gut ablesbar, zu betätigende Geräte leicht zugänglich und bedienbar sein.
3.2.8.4	Der Auftragnehmer hat bei der Prüfung und Inbetriebnahme der von ihm vorgenommenen elektrischen Verkabelung sowie der von ihm erstellten Steuer- und Regelanlage eine mit Anlagen dieser Art vertraute Fachkraft zur Verfügung zu stellen.	**3.2.8.4**	Der Auftragnehmer hat bei der Prüfung und Inbetriebnahme der von ihm vorgenommenen elektrischen Verkabelung sowie der von ihm erstellten Steuer- und Regelanlage eine mit Anlagen dieser Art vertraute Fachkraft zur Verfügung zu stellen.

ATV DIN 18379, September 2016		ATV DIN 18379, September 2012	
Abschnitt	**Text**	**Abschnitt**	**Text**
	Gehört die elektrische Verkabelung oder die Steuer- und Regeltechnik nicht zu den vertraglichen Leistungen, so ist das Abstellen einer Fachkraft während der Prüfung oder der Inbetriebnahme eine Besondere Leistung (siehe Abschnitt 4.2.12).		Gehört die elektrische Verkabelung oder die Steuer- und Regeltechnik nicht zu den vertraglichen Leistungen, so ist das Abstellen einer Fachkraft während der Prüfung oder der Inbetriebnahme eine Besondere Leistung (siehe Abschnitt 4.2.9).
3.2.9	Schallschutz Wenn Schallschutzmaßnahmen an der Anlage auszuführen sind, müssen sie den Anforderungen der ***DIN 4109 und der Richtlinie*** VDI 2081 Blatt 1 entsprechen.	**3.2.9**	Schallschutz Wenn Schallschutzmaßnahmen an der Anlage auszuführen sind, müssen sie den Anforderungen der VDI 2081, Blatt 1 und Blatt 2 entsprechen.
3.2.10	Dämmung und Brandschutz Teile der Raumlufttechnischen Anlage, die eine Ummantelung erhalten sollen, sind so einzubauen, dass diese Leistung ordnungsgemäß ausgeführt werden kann.	**3.2.10**	Dämmung und Brandschutz Teile der Raumlufttechnischen Anlage, die eine Ummantelung erhalten sollen, sind so einzubauen, dass diese Leistung ordnungsgemäß ausgeführt werden kann.
3.3	Anzeige, Erlaubnis, Genehmigung und Prüfung Die für die behördlich vorgeschriebenen Anzeigen oder Anträge notwendigen zeichnerischen und sonstigen Unterlagen sowie Bescheinigungen sind entsprechend der für die Anzeige-, Erlaubnis- oder Genehmigungspflicht vorgeschriebenen Anzahl vom Auftragnehmer dem Auftraggeber zur Verfügung zu stellen. Dies gilt nicht, wenn die Prüfvorschriften für Anlagenteile eine dauerhafte Kennzeichnung statt einer Bescheinigung zulassen.	**3.3**	Anzeige, Erlaubnis, Genehmigung und Prüfung Die für die behördlich vorgeschriebenen Anzeigen oder Anträge notwendigen zeichnerischen und sonstigen Unterlagen sowie Bescheinigungen sind entsprechend der für die Anzeige-, Erlaubnis- oder Genehmigungspflicht vorgeschriebenen Anzahl vom Auftragnehmer dem Auftraggeber zur Verfügung zu stellen. Dies gilt nicht, wenn die Prüfvorschriften für Anlagenteile eine dauerhafte Kennzeichnung statt einer Bescheinigung zulassen.
3.4	***Einstellen*** der Anlage	**3.4**	Einstellung der Anlage
3.4.1	Der Auftragnehmer hat die Anlagenteile so einzustellen, dass die geplanten Funktionen und Leistungen erbracht und die gesetzlichen Bestimmungen erfüllt werden.	**3.4.1**	Der Auftragnehmer hat die Anlagenteile so einzustellen, dass die geplanten Funktionen und Leistungen erbracht und die gesetzlichen Bestimmungen erfüllt werden.

ATV DIN 18379, September 2016		ATV DIN 18379, September 2012	
Abschnitt	**Text**	**Abschnitt**	**Text**
	Der Abgleich der Luftvolumenströme ist den rechnerisch ermittelten Einstellwerten entsprechend vorzunehmen. Gemessene Werte sind zu dokumentieren.		Der Abgleich der Luftvolumenströme ist den rechnerisch ermittelten Einstellwerten entsprechend vorzunehmen. Gemessene Werte sind zu dokumentieren.
3.4.2	Das Bedienungs- und Wartungspersonal für die Anlage ist durch den Auftragnehmer einmal einzuweisen	3.4.2	Das Bedienungs- und Wartungspersonal für die Anlage ist durch den Auftragnehmer einmal einzuweisen
3.5	Abnahmeprüfung Es ist eine Abnahmeprüfung nach DIN EN 12599 „Lüftung von Gebäuden – Prüf- und Messverfahren für die Übergabe raumlufttechnischer Anlagen" durchzuführen. Zusätzliche Funktionsmessungen bedürfen der besonderen Vereinbarung. Für die Abnahme von Raumkühlflächen gilt die VDI 6031 „Abnahmeprüfung von Raumkühlflächen"	3.5	Abnahmeprüfung Es ist eine Abnahmeprüfung nach DIN EN 12599 „Lüftung von Gebäuden – Prüf- und Messverfahren für die Übergabe raumlufttechnischer Anlagen" durchzuführen. Zusätzliche Funktionsmessungen bedürfen der besonderen Vereinbarung. Für die Abnahme von Raumkühlflächen gilt die VDI 6031 „Abnahmeprüfung von Raumkühlflächen"
3.6	Mitzuliefernde Unterlagen Der Auftragnehmer ***hat dem Auftraggeber folgende Unterlagen spätestens bei der Abnahme nach folgender Sortierung zu übergeben:*** – ***Funktions- und Strangschemata***, – elektrische Übersichtsschaltpläne und Anschlusspläne nach DIN EN 61082-1 (VDE 0040-1) „Dokumente der Elektrotechnik – Teil 1: Regeln", – Zusammenstellungen der wichtigsten technischen Daten, – Kopien der vorgeschriebenen Prüf- und Herstellerbescheinigungen, Verwendbarkeitsnachweise, Fachunternehmererklärungen,	3.6	Mitzuliefernde Unterlagen Der Auftragnehmer hat folgende Unterlagen aufzustellen und dem Auftraggeber spätestens bei der Abnahme zu übergeben: – Anlagenschemata, – elektrische Übersichtsschaltpläne und Anschlusspläne nach DIN EN 61082-1 „Dokumente der Elektrotechnik — Teil 1: Regeln", – Zusammenstellungen der wichtigsten technischen Daten, – Kopien der vorgeschriebenen Prüf- und Herstellerbescheinigungen,

ATV DIN 18379, September 2016		ATV DIN 18379, September 2012	
Abschnitt	**Text**	**Abschnitt**	**Text**
	– alle für einen sicheren und wirtschaftlichen Betrieb erforderlichen Bedienungs- und Wartungsanleitungen, – Protokoll über die Einweisung des Wartungs- und Bedienungspersonals. Die Unterlagen sind dem Auftraggeber in Papierform, 3-fach, in deutscher Sprache, auszuhändigen. Begriffe, Abkürzungen, Kurzzeichen, usw. dürfen entsprechend den normativen Regelwerken verwendet werden.		– alle für einen sicheren und wirtschaftlichen Betrieb erforderlichen Bedienungs- und Wartungsanleitungen, – Protokoll über die Einweisung des Wartungs- und Bedienungspersonals. Die Unterlagen sind in 3-facher Ausfertigung schwarzweiß, Zeichnungen nach Wahl des Auftraggebers stattdessen auch in einfacher Ausfertigung pausfähig, dem Auftraggeber auszuhändigen.
4	Nebenleistungen, Besondere Leistungen	**4**	Nebenleistungen, Besondere Leistungen
4.1	Nebenleistungen sind ergänzend zur ATV DIN 18299, Abschnitt 4.1, insbesondere:	**4.1**	Nebenleistungen sind ergänzend zur ATV DIN 18299, Abschnitt 4.1, insbesondere:
4.1.1	Prüfen der Unterlagen des Auftraggebers nach Abschnitt 3.1.3.	**4.1.1**	Prüfen der Unterlagen des Auftraggebers nach Abschnitt 3.1.3 und Leistungen nach Abschnitt 3.1.4.
4.1.2	Auf-, ***Um- und*** Abbauen sowie Vorhalten von Gerüsten ***für eigene Leistungen, sofern die zu bearbeitende Fläche nicht höher als 3,50 m über der Standfläche des hierfür erforderlichen Gerüstes liegt***.	**4.1.2**	Auf- und Abbauen sowie Vorhalten der Gerüste, deren Arbeitsbühnen nicht höher als 2 m über Gelände oder Fußboden liegen.
4.1.3	***Ausgleichen abgestufter oder geneigter Standflächen von Gerüsten bis zu 40 cm Höhenunterschied, z. B. über Treppen oder Rampen.***		
4.1.4	Typ- und Leistungsschilder.	**4.1.3**	Liefern und Anbringen der Typ- und Leistungsschilder sowie gegebenenfalls Liefern einer Bedienungsanleitung.

ATV DIN 18379, September 2016		ATV DIN 18379, September 2012	
Abschnitt	**Text**	**Abschnitt**	**Text**
4.1.5	Verbindungs- und Befestigungselemente sowie zugehörige Bauteile, z. B. Flansche, Profilverbinder, Schrauben, Dichtungen, Versteifungen für Luftleitungen.	**4.1.4**	Einbau von Verbindungs- und Befestigungselementen sowie von zugehörigen Bauteilen, z. B. Flansche, Profilverbinder, Schrauben, Steckverbinder ohne besondere Anforderungen, Dichtungen, Versteifungen für Luftleitungen.
4.1.6	***Anbringen von Konsolen und Halterungen, ausgenommen Leistungen nach Abschnitt 4.2.10.***		
4.1.7	Messöffnungen ***mit Verschlussstopfen*** ohne besondere Anforderungen bis 35 mm Durchmesser.	**4.1.5**	Herstellen von Messöffnungen ohne besondere Anforderungen bis 35 mm Durchmesser.
4.1.8	Schutz von Bau- und Anlagenteilen vor Verunreinigungen und Beschädigungen während der Arbeiten an Raumlufttechnischen Anlagen durch loses Abdecken, Abhängen oder Umwickeln, ausgenommen Schutzmaßnahmen nach Abschnitt ***4.2.25***.	**4.1.6**	Schutz von Bau- und Anlagenteilen vor Verunreinigungen und Beschädigungen während der Arbeiten an Raumlufttechnischen Anlagen durch loses Abdecken, Abhängen oder Umwickeln, ausgenommen Schutzmaßnahmen nach Abschnitt 4.2.21.
4.1.9	Fertigstellen von Bauteilen in mehreren Arbeitsgängen zur Ermöglichung von Arbeiten anderer Unternehmer, soweit die eigenen Leistungen im Zuge gleichartiger Arbeiten kontinuierlich erbracht werden können. Sind diese Voraussetzungen nicht gegeben, handelt es sich um Besondere Leistungen nach Abschnitt 4.2.26.		
4.2	Besondere Leistungen sind ergänzend zur ATV DIN 18299, Abschnitt 4.2, z. B.:	**4.2**	Besondere Leistungen sind ergänzend zur ATV DIN 18299, Abschnitt 4.2, z. B.
4.2.1	Planungsleistungen wie Entwurfs-, Ausführungs- und Genehmigungsplanung sowie die Planung von Schlitzen und Durchbrüchen.	**4.2.1**	Planungsleistungen wie Entwurfs-, Ausführungs- und Genehmigungsplanung sowie die Planung von Schlitzen und Durchbrüchen.

ATV DIN 18379, September 2016		ATV DIN 18379, September 2012	
Abschnitt	**Text**	**Abschnitt**	**Text**
4.2.2	Anzeichen von Durchbrüchen, wenn deren Ausführung nicht im Leistungsumfang des Auftragnehmers enthalten ist.		
4.2.3	Besondere Maßnahmen zur Schalldämmung und Schwingungsdämpfung von Anlagenteilen gegen den Baukörper.	**4.2.2**	Besondere Maßnahmen zur Schalldämmung und Schwingungsdämpfung von Anlagenteilen gegen den Baukörper.
4.2.4	Vorhalten von Aufenthalts- und Lagerräumen, wenn der Auftraggeber Räume, die leicht verschließbar gemacht werden können, nicht zur Verfügung stellt.	**4.2.3**	Vorhalten von Aufenthalts- und Lagerräumen, wenn der Auftraggeber Räume, die leicht verschließbar gemacht werden können, nicht zur Verfügung stellt.
4.2.5	Auf-, Um- und Abbauen sowie Vorhalten von Gerüsten für Leistungen anderer Unternehmer.		
4.2.6	Auf-, ***Um-*** und Abbauen sowie Vorhalten von Gerüsten ***für eigene Leistungen, sofern die zu bearbeitende Fläche höher als 3,50 m über der Standfläche des hierfür erforderlichen Gerüstes liegt.***	**4.2.4**	Auf- und Abbauen sowie Vorhalten der Gerüste, deren Arbeitsbühnen höher als 2 m über Gelände oder Fußboden liegen.
4.2.7	**Auf-, Um- und Abbauen sowie Vorhalten von Gerüsten mit abgestufter oder geneigter Standfläche, z. B. über Treppen oder Rampen, sofern ein Ausgleich von mehr als 40 cm erforderlich ist.**		
4.2.8	Herstellen von Schlitzen und Durchbrüchen.	**4.2.5**	Stemm-, Bohr- und Fräsarbeiten für die Befestigung von Konsolen und Halterungen sowie das Herstellen von Schlitzen und Durchbrüchen.
4.2.9	Anpassen von Anlagenteilen an nicht maßgerecht ausgeführte Leistungen anderer Unternehmer.	**4.2.6**	Anpassen von Anlagenteilen an nicht maßgerecht ausgeführte Leistungen anderer Unternehmen
4.2.10	Besondere Befestigungskonstruktionen, z. B. Stützgerüste.	**4.2.7**	Liefern und Einbauen von besonderen Befestigungskonstruktionen, z. B. Konsolen, Stützgerüste

ATV DIN 18379, September 2016		ATV DIN 18379, September 2012	
Abschnitt	**Text**	**Abschnitt**	**Text**
4.2.11	Funktions-, Bezeichnungs- und Hinweisschilder	**4.2.8**	Liefern und Befestigen der Funktion-, Bezeichnungs- und Hinweisschilder
4.2.12	Prüfen der elektrischen Verkabelung, der Mess-, Steuer- und Regelanlagen sowie Abstellen einer Fachkraft bei der Inbetriebnahme der ***Mess-,*** Steuer- und Regelanlage, wenn die Leistungen nicht vom Auftragnehmer ausgeführt wurden.	**4.2.9**	Prüfen der elektrischen Verkabelung, der Steuer- und Regelanlage sowie Abstellen einer Fachkraft bei der Inbetriebnahme der Steuer- und Regelanlage, wenn die Leistungen nicht vom Auftragnehmer ausgeführt wurden.
4.2.13	Liefern der für die Inbetriebnahme und den Probebetrieb nötigen Betriebsstoffe und Medien.	**4.2.10**	Liefern der für die Inbetriebnahme und den Probebetrieb nötigen Betriebsstoffe und Medien.
4.2.14	Filterwechsel nach Beendigung des Probebetriebes.	**4.2.11**	Filterwechsel nach Beendigung des Probebetriebes
4.2.15	Provisorische Maßnahmen zum Betreiben der Anlage oder von Anlagenteilen vor der Abnahme auf Anordnung des Auftraggebers.	**4.2.12**	Provisorische Maßnahmen zum vorzeitigen Betreiben der Anlage oder von Anlagenteilen vor der Abnahme auf Anordnung des Auftraggebers
4.2.16	Betreiben der Anlagen oder von Anlagenteilen.	**4.2.13**	Betreiben der Anlagen oder von Anlagenteilen
4.2.17	Dichtheitsprüfungen von luftführenden Anlagenteilen.	**4.2.14**	Dichtheitsprüfungen von luftführenden Anlagenteilen
4.2.18	Besondere Prüfungen, z. B. Prüfung von Schweißnähten, Luftdichtheit der Gebäudehülle	**4.2.15**	Besondere Prüfungen, z. B. Prüfung von Schweißnähten, Luftdichtheit der Gebäudehülle
4.2.19	Wasseranalysen und Gutachten	**4.2.16**	Wasseranalysen und Gutachten
4.2.20	***Aufwendungen für bauordnungsrechtlich vorgeschriebene Prüfungen.***	**4.2.17**	Übernahme der Gebühren für behördlich vorgeschriebene Abnahmeprüfungen.
4.2.21	Wiederholtes Einweisen des Bedienungs- und Wartungspersonals (siehe Abschnitt 3.4.2).	**4.2.18**	Wiederholtes Einweisen des Bedienungs- und Wartungspersonals (siehe Abschnitt 3.4.2).
4.2.22	***Zusätzliche*** Funktionsmessungen nach Abschnitt 3.5.	**4.2.19**	Funktionsmessungen nach Abschnitt 3.5.

ATV DIN 18379, September 2016		ATV DIN 18379, September 2012	
Abschnitt	**Text**	**Abschnitt**	**Text**
4.2.23	Erstellen von Bestandsplänen, ***Funktions- und Strang-schemata.***	**4.2.20**	Erstellen von Bestandsplänen.
4.2.24	Bereitstellen von zusätzlichen Daten, die über die Angaben von VDI 3813 (alle Teile) und VDI 3814 (alle Teile) hinausgehen.		
4.2.25	Besonderer ***Schutz*** von Bau- und Anlagenteilen sowie Einrichtungsgegenständen, z. B. Abkleben von Fenstern, Türen, Böden, Belägen, Treppen, Hölzern, Dachflächen, oberflächenfertigen Teilen, staubdichtes Abkleben von empfindlichen Einrichtungen und technischen Geräten, Staubschutzwände, Notdächer, Auslegen von Hartfaserplatten oder Bautenschutzfolien ***ab 0,2 mm Dicke.***	**4.2.21**	Besondere Maßnahmen zum Schutz von Bau- und Anlagenteilen sowie Einrichtungsgegenständen, z. B. Abkleben von Fenstern, Türen, Böden, Belägen, Treppen, Hölzern, Dachflächen, oberflächenfertigen Teilen, staubdichtes Abkleben von empfindlichen Einrichtungen und technischen Geräten, Staubschutzwände, Notdächer, Auslegen von Hartfaserplatten oder Bautenschutzfolien
4.2.26	Fertigstellen von Bauteilen in mehreren Arbeitsgängen zur Ermöglichung von Arbeiten anderer Unternehmer, soweit die eigenen Leistungen nicht im Zuge gleichartiger Arbeiten kontinuierlich erbracht werden können (siehe Abschnitt 4.1.9).		
4.2.27	Maßnahmen zum Schutz vor ungeeigneten Bedingungen***, die sich aus der Witterung oder dem Raumklima ergeben, nach Abschnitt 3.1.5.***	**4.2.22**	Maßnahmen zum Schutz vor ungeeigneten klimatischen Bedingungen nach Abschnitt 3.1.5.
4.2.28	Maßnahmen für den Brand-, Schall-, Wärme-, Feuchte- und Strahlenschutz, soweit diese über die Leistungen nach Abschnitt 3 hinausgehen.	**4.2.23**	Maßnahmen für den Brand-, Schall-, Wärme-, Feuchte- und Strahlenschutz, soweit diese über die Leistungen nach Abschnitt 3 hinausgehen.
4.2.29	Reinigen des Untergrundes von grober Verschmutzung, z. B. Gipsreste, Mörtelreste, Farbreste, Öl, soweit diese nicht durch den Auftragnehmer verursacht wurde.		

ATV DIN 18379, September 2016		ATV DIN 18379, September 2012	
Abschnitt	**Text**	**Abschnitt**	**Text**
4.2.30	Luftdichte Anschlüsse an angrenzende Bauteile.	**4.2.24**	Herstellen von luftdichten Anschlüssen an angrenzende Bauteile.
5	Abrechnung Ergänzend zur ATV DIN 18299, Abschnitt 5, gilt:	**5**	Abrechnung Ergänzend zur ATV DIN 18299, Abschnitt 5, gilt:
5.1	***Allgemeines*** Der Ermittlung der Leistung – gleichgültig, ob sie nach Zeichnung oder nach Aufmaß erfolgt – sind die Maße – der hergestellten Anlagen oder Anlagenteile zugrunde zu legen. Stücklisten dürfen hinzugezogen werden. ***Zur Leistungsermittlung sind die vereinfachenden Regeln, wie Übermessungsregeln und Einzelregelungen anzuwenden.***	**5.1**	Der Ermittlung der Leistung – gleichgültig, ob sie nach Zeichnung oder nach Aufmaß erfolgt – sind die Maße der Anlagenteile zugrunde zu legen. Stücklisten dürfen hinzugezogen werden.
5.2	Ermittlung der Maße/Mengen		
5.2.1	Bei Abrechnung nach Flächenmaß werden Luftleitungen und Luftleitungsformteile nach äußerer Oberfläche, ermittelt aus dem größten Umfang und der größten Länge, ohne Berücksichtigung der Wärmedämmung gerechnet.	**5.2**	Bei Abrechnung nach Flächenmaß werden Luftleitungen und Luftleitungsformteile nach äußerer Oberfläche, ermittelt aus dem größten Umfang und der größten Länge, ohne Berücksichtigung der Wärmedämmung gerechnet. Ausschnitte für Luftdurchlässe und Stutzen werden nicht abgezogen. Formteile nach Tabelle 2 sowie Formteile der Abrechnungsgruppen F 1 bis F 5 nach Tabelle 1 (siehe Abschnitt 0.5.1) mit einer ermittelten Oberfläche von weniger als 1 m^2 werden mit 1 m^2 gerechnet, Formteile mit Kurzzeichen SR nur bei einer Länge von 100 mm bis 500 mm. Zur Ermittlung von Umfang und Länge sind die Formeln der Tabelle 2 anzuwenden.

ATV DIN 18379, September 2016		ATV DIN 18379, September 2012	
Abschnitt	**Text**	**Abschnitt**	**Text**
5.2.2	Bei Abrechnung nach Längenmaß werden Luftleitungen in der Mittelachse gemessen. Dabei werden Bögen bis zum Schnittpunkt der Mittelachsen gemessen. Bögen und sonstige Formteile werden zusätzlich gerechnet. Deckel von Öffnungen werden zusätzlich gerechnet.	**5.3**	Bei Abrechnung nach Längenmaß werden Luftleitungen einschließlich Bögen, Formteile und Verbindungsstücke in der Mittelachse gemessen. Dabei werden Bögen bis zum Schnittpunkt der Mittelachsen gemessen. Bögen und sonstige Formteile werden zusätzlich gerechnet.
5.2.3	Bei Abrechnung nach Masse ist diese nach folgenden Grundsätzen zu berechnen:	**5.5**	Bei Abrechnung nach Masse ist diese nach folgenden Grundsätzen zu berechnen
5.2.3.1	Es sind anzusetzen: – bei Stahlblechen und Bandstahl ***7,85 kg/m²*** je 1 mm Dicke, – bei genormten Profilen die Masse nach den Angaben in den DIN-Normen, – bei anderen Profilen die Masse nach den Angaben in den Profilbüchern der Hersteller.	**5.5.1**	Es sind anzusetzen: – bei Stahlblechen und Bandstahl 8 kg/m² je 1 mm Dicke, – bei genormten Profilen die Masse nach den Angaben in den DIN-Normen mit einem Zuschlag von 2 % für Walztoleranzen, – bei anderen Profilen die Masse nach den Angaben in den Profilbüchern der Hersteller.
5.2.3.2	Bei der Berechnung der Masse bleiben unberücksichtigt: Verbindungsmittel, z. B. Schrauben, Niete, Schweißgut.		
5.2.3.3	Bei verzinkten Bauteilen oder verzinkten Konstruktionen werden den Massen, die nach den zuvor genannten Grundsätzen ermittelt wurden, 5 % ***aufgrund der Gewichtszunahme durch das*** Verzinken zugeschlagen	**5.5.3**	Bei verzinkten Bauteilen oder verzinkten Konstruktionen werden zu den Massen, die nach den zuvor genannten Grundsätzen ermittelt wurden, 5 % für die Verzinkung zugeschlagen.
5.3	Übermessungsregeln Übermessen werden:		
5.3.1	Ausschnitte für Luftdurchlässe und Stutzen.		

ATV DIN 18379, September 2016		ATV DIN 18379, September 2012	
Abschnitt	**Text**	**Abschnitt**	**Text**
5.3.2	Bei Abrechnung nach Längenmaß – Bögen – Formteile – Verbindungsstücke		
5.4	Einzelregelungen Formteile nach Tabelle 2 sowie Formteile der Abrechnungsgruppen F 1 bis F 5 nach Tabelle 1 (siehe Abschnitt 0.5.1) mit einer ermittelten Oberfläche von < 1 m² werden mit 1 m² gerechnet, Formteile mit Kurzzeichen SR nur bei einer Länge ≤ 500 mm.		
		5.4	Deckel von Öffnungen werden zusätzlich gerechnet.
		5.5.2	Bei geschraubten, geschweißten oder genieteten Stahlkonstruktionen werden der nach Abschnitt 5.5.1 ermittelten Masse 2 % zugeschlagen